狗 狗 的
餐 桌 日 常

|暢銷新版|

DAILY FOOD

FOR DOGS

獻給仍在外面流浪的狗狗們。

希望所有的動物，都能擁有幸福溫暖的一輩子。

一切都因挑食而開始

我有九隻狗，三隻很挑食，其他六隻什麼都吃。雖然牠們都是從路邊撿來或收容所接出的狗，但是對於吃什麼食物很有自己的想法。為了牠們，我開始花時間做鮮食。我能了解餵食乾糧有多方便，但如果看過牠們因為吃鮮食臉上綻放滿足的表情，你會覺得麻煩一點是值得的。

我大多外食，每次上市場幫狗買有機蔬菜或品質很好的肉類，心裡就覺得不太平衡，常想為什麼我的狗吃得比我好？有了這個念頭後我開始慢慢做菜給自己吃。現在我們吃得一樣好了！感謝那兩隻挑食的狗，牠們讓另外七隻狗吃得好，改變我的生活作息精進我的廚藝，讓我們的吃飯時間變得自在又開心。

因工作關係需要了解狗的營養學知識，但台灣市面上所販售的大多是狗的鮮食譜，在製作鮮食時，我常因為不懂狗的營養而困擾，只好開始研讀外文相關書籍。在美國光是狗的營養學書籍，就多達兩千多本。我從這些裡面學到許多相關的資訊，在這本書裡頭，也列出許多狗的營養介紹和使用，在閱讀這些營養說明時，不用有壓力，狗的食材與人類是相同的，只要掌握好食材比例，做鮮食就像數數 123。

我通常會做好一個禮拜的餐點份量，分成七盒包裝放在冷凍庫保鮮。晚上睡前放一盒在冷藏解凍，隔天早上加熱放涼，再加入適量的蛋殼粉、魚油，偶而加入自製營養粉或無糖優格，只花 3 分鐘，便能做出完美的寵物餐點。

這本書是從學習者的角度出發，分享狗的鮮食料理與製作經驗，希望能提供深愛狗狗的主人們一些幫助。

狗熱愛的餐點選擇

　　狗是人類的摯友，給予我們源源不絕的愛與忠誠，這是跨越國界超越文化差異的聯盟。我們無須言語就能了解彼此，看得懂狗開心、難過時的表情，知道什麼是牠喜歡什麼是牠不喜歡，但在某些方面牠們仍是個謎。對於狗應該要吃什麼或選擇何種食物，大多數的主人還是無所適從，所以只好看寵物店架上提供哪些方便快速的選項，而商業乾糧與罐頭似乎是狗唯一的食物來源。我們以包裝上面的食材內容和健康承諾配方作為購買指標，卻發現挑嘴狗不買單，甚至有些還會造成過敏反應，除了讓主人多少有疑慮外，也不曉得自己的抉擇是對還是錯？

　　商業乾糧在今日是巨大的商機。乾糧廠商不僅控制狗每天吃什麼，在巧妙的廣告下，也同時灌輸我們狗的健康概念與營養需求。可是，即便乾糧的食材來源很安全，再經過攝氏兩百多度的製作過程後，大部份的營養也隨著高溫一起流失。打開一個塑膠包裝，或許能應付好幾週的用餐問題，但直到狗有點年紀身體出了狀況，我們才理解到「方便」並不是最好的選擇。

　　令人驚訝的是，商業乾糧還是近代的新產品。在 1940 年，市場銷售開始回暖時，美國寵物食品行業利用這個好時機，提出兩個廉價方便的發明——商業乾糧與罐頭。生產乾糧的製作公司因競爭激烈，大力稱讚加工乾糧，甚至鼓吹使用人類不需要的食材廢料或淘汰肉品製作乾糧是一種美德。原本要被淘汰的食物，大量進入狗的碗中，當時人們並沒有察覺到狗都吃了些什麼？撇開漫長的乾糧發展過程與爭議，現在的乾糧工廠仍將食材液體化，以高溫擠壓的方式，製造一顆顆的乾糧。

現在因為食安問題層出不窮，許多主人開始警覺乾糧的食材來源與成份，甚至會根據某知名雜誌的檢驗推薦，作為選購標準。乾糧除了有高溫的隱憂外，有些蛋白質多以植物性蛋白質取代，而頂級、低敏乾糧或處方飼料的纖維含量較高，容易在腸道停留較長的時間，進而造成腸胃的負擔。根據研究顯示，乾糧所含的碳水化合物過高，有些甚至超過狗需要的好幾倍以上，過量的碳水化合物會在體內逐漸累積，成為健康的隱憂。

　　於是，少數獸醫開始鼓勵主人使用冰箱裡的新鮮食材，幫狗製作健康餐點。撇開營養成份不說，鮮食能比乾糧提供更多的水分，幫助狗腸胃蠕動，提升消化吸收的能力。你可能也曾聽過有些獸醫主張讓狗吃生食，因為根據研究發現高溫會破壞肉裡面的營養素和消化酶，同時也會破壞蛋白質分子的結構，降低必需氨基酸的功能，這會讓狗的腸胃不好消化吸收。若你選擇讓狗吃生食，可以使用冷凍方式殺菌（攝氏 20 度以下），但不同的肉類所需的冷凍殺菌時間不一，生雞脖子需要冷凍 3 天以上，而豬肉需要冷凍 20 天以上來殺菌。

　　自製鮮食其實不困難，如果有料理晚餐的習慣，順手幫狗準備餐點，更是輕而易舉的事。善用冰廂裡的新鮮食材，只要具備基本營養概念，鮮食餐點能幫你省下一大筆不必要的醫藥費，同時也能讓狗享受不同食材的香氣，減緩情緒壓力，進而期待每天的用餐時刻。即使狗步入老年，主人也能輕鬆把關狗的健康狀況，更可讓彼此有快樂的生活品質。

　　你會發現你們的關係更為密切，當然狗也會更愛主人。

{目錄 Contents}

狗狗的廚房

{該準備哪些工具}

|**濾網**| 分離高湯與食料、洗米、篩麵粉。

|**食物夾**| 保護雙手,不被剛出爐的食物燙傷。夾肉派時,食物夾比筷子好用。

|**打蛋器**| 將雞蛋打散或攪拌混合其它切碎的食材在蛋液中,也可用於手打麵糊時。

|**食物調理機**| 不用加水就能把蔬菜打碎,或把肉塊打成肉泥。

|**餅乾模型**| 不同造型的餅乾模,可以讓狗零食看起來更有趣。

|**器皿夾**| 取出或放入蒸熟食物。

｜各式蛋糕烤模｜ 可用來製作肉派。

｜量杯｜ 準確測量所需食材的克數或容量。

｜耐熱矽膠毛刷｜ 可用於塗抹橄欖油，容易清洗，沒有掉毛的問題。

｜廚房專用剪刀｜ 可以代替菜刀和粘版，剪蔬菜、蒸熟的雞肉或乾燥植物。

｜不沾布｜ 烤餅乾時，可重覆使用，也能用烘焙紙取代。

｜量杯｜ 建議購買一組的量杯，測量所需食材的用量。一組有 1 杯、1/2 杯、2/3 杯、1/4 杯及 1/8 杯。

｜量匙｜ 分茶匙和湯匙兩種，測量單位與量杯相同。

｜附蓋冰塊盒｜ 可作為冷凍蔬菜泥或高湯的容器，需要時再敲下所需的塊數即可。

｜磨泥器｜ 將大蒜、水果或根莖類蔬菜磨成泥。

｜電子秤｜ 測量食材或餐點重量。

Chapter I

做鮮食前
該知道的事

在決定做鮮食前，
需要先了解狗的身體健康狀況，
才能評估什麼食材、營養是牠所需要的。
下面提供的建議和烹飪要點，
讓你在家就能輕鬆做出美味又有趣的餐點。

｛放鬆心情準備餐點｝

　　這本書所建議的卡路里攝取量杯量、湯匙量與克數，是合理的每日用量。若有些微差距，或餵比這個多也不用擔心，有個簡單方式可以判斷給狗吃的份量是太多還是吃太少。餵食數個月後，如果狗過胖，就是吃太多，反之亦然。每隻狗腸胃吸收功能、品種與身體機能都不同，主人可以視情況自行微幅調整。

｛從不要給太多開始｝

　　每隻狗對於食材的反應和喜好都不一樣。給新的食物時，可以先從給一點點開始，看看牠是否喜歡？記得要觀察牠們的腸胃能否適應。狗若能接受新食物的味道，給予少許的量和正餐混合一起吃。如果牠有吃光光，就可以把這個食材放進你的菜單裡。找出狗喜歡的食材，也是增進彼此關係的方法。

｛定期身體檢查｝

　　記得幫狗選擇一位值得信賴的獸醫。這位獸醫對狗的一輩子至關重要，除了健康和醫療問題外，餐點裡的營養比例和該放什麼營養品在牠的餐點裡，都能請教獸醫。料理之前，先帶狗做健康檢查，確認沒有嚴重疾病，如腎臟病，肝炎等；或有無特別需要注意的飲食事項。若發現狗有健康上的問題，不用太擔心，因為自製鮮食非常適合需要特別照護的狗，不過仍需與獸醫詳細討論牠所需的營養及合適的食材等。如果你的狗是健康寶寶，食用鮮食半年後，再帶牠去做一次健康檢查；沒有任何問題，就代表你的餐點和製作比例是正確的，之後只要每年定期健康檢查即可。

{ 食 物 的 香 氣 }

　　狗的鼻子非常靈敏，牠們生活中最大的樂趣就是透過嗅聞去認識世界，如同人類用眼睛觀看一樣。除了戶外，返家後的包包、購物袋等，都是牠們會想嗅聞的東西，牠們靠著味道想像你今天的生活路線和到過哪些地方？因此在放飯之前，可以先把單一食材或餐點放到狗的鼻子前面，讓牠們嗅聞一下，藉由氣味認識不同的食物。

　　狗沒有味蕾，我們不需要在調味上下功夫，但你可以發揮創造力和想像力，想辦法增加食物的香氣。以玫瑰花香水做例子，若在你的玫瑰香水裡加入一點柑橘的味道後，香味就會跟著改變。對狗而言，雞肉加芋頭和豬肉搭配芋頭，便是全然不同的氣味。

　　想要讓鮮食多點香氣，可以透過食材本身的味道或利用不同的烹調方式相互搭配。有些食材本身就帶有味道，如乾香菇、奶油、蛋黃、牛肝菌、狗喜愛的植物（乾燥處理）、烘過的堅果（磨粉或打碎）、高湯或巴西里。保持香氣是另一個要點。烹調方式也會影響食材散發的氣味，例如水煮雞肉、烤雞或土窯雞，就是完全不同的香氣。若想帶出食材的自然香氣，讓味道更為濃郁，可利用耐高溫的密封玻璃器皿裝處理過的生鮮食材，再放入電鍋或蒸爐烹煮，除了保有香氣外，也能留住食物的水分。

　　不妨閉上眼睛，試著想像你是狗，學牠們深聞，記住每種不食材的氣味，讓你的廚房變成香氣實驗室！學會混搭不同的食物香氣，狗絕對會對你的餐點愛不釋口。

{經常換菜單}

如果你每天晚上都吃一樣的餐點，會不會覺得人生無趣呢？雖然鮮食最大的好處是裡面混合了各種不同的食材，但是每天照表抄課，狗也會吃膩。因此按照季節變化設計菜單，使用當季新鮮蔬果和輪流替換肉類，不僅能嚐到不同的食材，也可避免長期吃單一種食材引發過敏。

{小心背後的兩個眼睛}

幫狗製作鮮食時，如果牠在旁邊趴著乖乖等，那麼請小心你的垃圾桶。狗通常會在主人不注意的時候，悄悄吃著垃圾桶裡丟棄食物碎塊，這是一件危險的事。果皮上的農藥、未經烹煮的魚骨、生肉等，都會造成健康的負擔。加蓋的垃圾桶能保護狗的健康，也可避免不必要的清理。

{健康美味的重要關鍵}

| 控制烹煮時間 |

任何食材剛好煮熟時,要立刻關火,避免烹煮時間過長,造成營養流失。以煮肉為例子,狗需要優質的蛋白質,熟度剛好的肉類其蛋白質是好的。不過,當肉煮得過熟,蛋白質會轉化成劣質的蛋白質,狗因此吸收不到原本該有的營養,蔬菜也是相同的道理。利用計時器叮嚀自己「剛好煮熟」的烹調時間,能完整保留營養,也可維持食材的最佳口感。

| 自製蔬菜泥冰塊 |

若怕平日上班沒時間,可以一次做很多蔬菜泥,再裝入製冰盒冷凍成蔬菜泥冰塊,在調理餐點時,只要加入蔬菜泥冰塊便可快速完成餐點。

| 肉汁飄香飯 |

處理米飯類食材,可以用去油的肉汁或雞湯取代加到飯裡面的水,對狗來說,白飯聞起來像是肉做成的一樣,這絕對比單純的白飯來的有吸引力。

| 狗喜歡的肉塊口感 |

不是所有的狗都愛吃碎肉泥,牠們有自己偏好的肉塊大小。一隻拉不拉多享用一塊放在嘴裡剛好的牛排,跟吃絞肉是完全不同的感受。

1	2	3	4
0.5 公分	1 公分	1.5 公分	2 公分
適合超小型犬	適合小型犬	適合中型犬	適合大型犬

{食材這樣搭配最剛好}

|肉、魚、內臟和奶蛋類|

　　人類適合多吃蔬菜水果，少吃肉來保持健康，但不代表狗也需要，牠們的腸道、牙齒和身體的需求設計與人類不同。對狗而言，動物性蛋白質需佔餐點的 60% 至 70%，包含紅肉類、家禽、魚類、內臟、蛋奶類等。不過，在餐點裡頭加入肉類、內臟或蛋奶類，並不代表這道餐點的蛋白質含量也是 70%，因為除了蛋白質外，這些食材也含有水分、脂肪和一些纖維。

|蔬菜與根莖類|

　　狗的鮮食裡面，除了肉、魚、內臟和蛋奶類外，還可以加入蔬菜與根莖類的食材。在烹調時，特別是莖的部份，一定要完全煮熟，並利用食物調理機打成細碎狀，破壞蔬菜的纖維，這樣狗既無法挑食，腸胃也比較好吸收消化，混搭更能維持營養的均衡。

|穀類|

　　穀類是很棒的食材，但狗不需要吃那麼多。攝取過多的穀類會增加狗的排便量，若是腸胃不好的狗吃太多，也可能會消化不良。剛開始吃穀類可以先抓量 1/10 的比例再逐次增加，但最多不可超過一頓餐點的 1/6。

|添加魚油與鈣粉|

　　吃全鮮食需加入魚油與鈣粉兩種營養品。魚油可補充肉類所沒有的 omega-3 脂肪酸，鈣粉則能補充鈣質，可以選擇市售的鈣粉、生骨頭或半茶匙的自製蛋殼粉。

{完美的鮮食比例}

穀類
10-15%

適量的
魚油與鈣粉

肉類 蛋奶類
60-70%

蔬菜與根莖類
30%

{餵食的份量}

　　狗的食量會因品種、腸胃的吸收能力而有所不同，餵食份量能以體重或活動量兩種方式來決定。如果是依活動量計算狗一日所需的熱量，需先評估牠的健康狀態、每日活動量、體重和體型。

|一天餐點的份量（依體重計算）|

11 公斤以下　　　250 至 370 克
11 至 22.7 公斤　450 至 680 克
22.7 至 34 公斤　680 至 900 克
34 至 45 公斤　　900 至 1360 克

|我的狗屬於哪一種活動量？|

活動量強

每次跟牠玩都會讓你感到筋疲力盡。一天至少散步 2 次，每次都會超過 30 分鐘。此外，至少還會有以下其中一種情況：
- 和小孩一起住的狗，不停地跟小孩玩。
- 每星期會玩上好幾個小時的球。
- 陪伴其中一位家人，一星期至少跑步 3 次。
- 去公園找狗朋友玩，一星期 3 次以上，每次超過半小時。

活動量足夠

指可以滿足狗所需的運動量，但是牠活動完不會立即感到疲累。一天至少散步 2 次，每次至少有 20 分鐘的優質散步。此外，至少還會有以下其中一種情況：
- 每星期會有一次 2 小時的散步。
- 陪伴其中一位家人，一星期好幾次的散步。
- 與其它狗或小孩住在一起中年狗，醒著的時間比休息時間多。

活動量不足

基本上牠就是懶骨頭，躺在沙發的時間比你還多。如果牠一天可以躺上十幾個小時，也許你該考慮買張沙發給牠單獨享受。
- 一天散步少於 40 分鐘。
- 牠可能是中年或樂齡犬。

依上述情境衡量狗的活動量和量好體重後，再利用右圖表格算出牠一天所需的熱量。

體重 / 卡路里	1.8	2.7	3.6	4.5	5.5	6.4	6.8	7.3	8.2
活動量大	200	235	335	400	480	540	560	600	650
活動量中	170	195	285	340	410	455	470	510	550
活動量小	120	145	215	260	320	345	360	390	420

體重 / 卡路里	11	13.6	15.9	18	20	22.7	25	27	29
活動量大	800	940	1070	1150	1260	1370	1480	1570	1680
活動量中	680	800	910	980	1060	1160	1250	1320	1420
活動量小	510	610	690	740	800	880	950	1000	1070

體重 / 卡路里	32	34	36	38	41	43	45	47.6	50
活動量大	1790	1880	1960	2060	2160	2230	2310	2410	2500
活動量中	1520	1590	1660	1745	1830	1890	1950	2030	2120
活動量小	1160	1210	1260	1325	1390	1430	1480	1540	1610

　　想要確認餵食的份量到底有沒有抓對，需至少持續餵食一個月，如果狗變胖就減量，變瘦就增量，視情況調整餐點份量（克數），但不能隨意改變餐點的食材比例。變胖有可能是餐點中的油脂含量過高，像牛絞肉的油脂就是雞胸肉的好幾倍，但是也不用過於追求一定要達到標準體重而讓牠吃太少，就像有些人吃再多也吃不胖，而有些人光喝水就胖了。未滿六個月的幼犬，進食次數一天會 3 至 4 次左右。兩個月大的幼犬所需的份量是牠們體重的 10% 左右，這樣的份量會持續到牠們接近成犬，再逐漸調整為建議份量。

{ 體 型 判 斷 }

　　站在狗的旁邊從上往下觀察，理想的身材線條應為往內凹的雙S型曲線至臀部，從側面觀察，胸部至腹部的曲線要彎進去，或看能不能摸到狗的肋骨。不過，某些皮膚鬆弛的品種，像沙皮狗和牛頭犬就很難判斷，可以請獸醫提供看法。若身體曲線從上往下看或從側邊看都為直線，就是過胖；過瘦的狗，從側面觀察會清楚看見肋骨、皮膚內陷，以及臀骨明顯突出等特徵。下面圖表可幫助你判斷狗的體型：

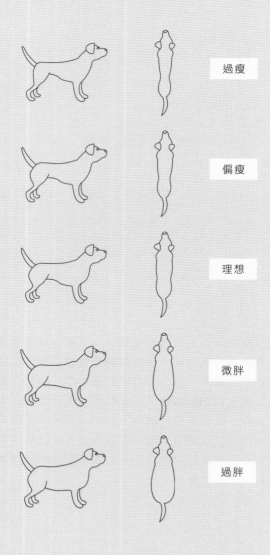

過瘦

偏瘦

理想

微胖

過胖

FÄVIKEN

Magnus Nilsson

PLAY FOOD

WHAT KATIE ATE
Recipes and other BITS & Pieces

Katie Quinn Davies

A WORK IN PROGRESS — NOMA RECIPES

Delicate
New Food Culture

gestalten

new vegetarian entertaining

Jane noraika

VIANA LA PLACE
panini, bruschetta, crostini

the smitten kitchen cookbook
SK
deb perelman

The organic dog biscuit cookbook

Dan Dye & Mark Beckloff

from the
Bubba Rose
Biscuit Co.

CEDAR MILL
PRESS
BOOK PUBLISHING

VIKING
STUDIO

Chapter II

認識狗
所需的營養素

鮮食的用意無非是希望狗能健康生活，
陪我們久一點。
而主人是狗最前線的健康防守員，
了解營養素的功能與運用，
可以幫助我們在挑選食材時，
做出最正確的選擇。

{蛋白質是狗最好的朋友}

從剛生出的幼犬到身體虛弱的老犬都需要動物性蛋白質，它是狗最重要的營養來源，能提升免疫力，也是皮膚毛髮的必要營養。蛋白質由氨基酸構成，可分為必需氨基酸和非必需氨基酸，前者需從食物中攝取正確的份量，後者則能由狗的身體自行合成。氨基酸成份越多表示蛋白質的品質越好，品質好的蛋白質代表狗只要吃下所需的肉類份量，便可獲取充足的優質蛋白質，也能有效地消化與被身體利用；而劣質的蛋白質，即使狗吃下再多肉也得不到該有的營養。

我們能從蛋、紅肉、家禽、魚類、起司和優格等食材中獲得動物性蛋白質，其中又以雞蛋的動物性蛋白質含量是最高的。穀類和蔬菜也含有蛋白質，但它們屬於植物性蛋白質，狗吸收有限，例如穀類的蛋白質平均約有 65%，即使牠們吃下十碗飯，也只得到約 40% 的植物性蛋白質。

食物的「份量」不代表「品質」，也就是說食材克數的多少不等於營養素的含量。例如 100 克瘦牛肉約含有 25 克的蛋白質，而不是 100 克的蛋白質。在肉類食材中，每一種肉類的蛋白質含量都不同，若以 100 克的肉來看，牛里肌的蛋白質為 16 克、鹿肉 22 克、雞胸肉 23 克、雞腿 18 克、豬里肌 20 克、鱈魚 17 克。不過，在料理時不用想得這麼複雜，只要經常使用不同的肉類食材，就能確保攝取足夠的動物性蛋白質。

成犬建議攝取量為 18% 至 25%，幼犬、工作犬及懷孕母狗的攝取量為 28% 至 32%。一般來說，蛋白質的份量* 可以比標準值再多一點點；份量過多，一部份會隨著尿液排出去，另一部分則會轉化成熱量。

| 優質蛋白質的六大關鍵 |

1. 動物性蛋白質不要給太少。

2. 不要煮太久，避免劣質的蛋白質。

3. 給予完整的動物性蛋白質。

4. 狗不需要植物性蛋白質。

5. 經常更換含有動物性蛋白質的食材。

6. 每次餐點加入適量鈣粉或給生骨頭。

{優質油脂是健康的發電廠}

油脂是分泌賀爾蒙、皮毛生長、強健免疫系統和維持體力的重要關鍵。狗缺乏油脂會出現過瘦、皮屑過多及搔癢等症狀,但攝取過量又很容易造成肥胖。在鮮食餐點裡加入適量的油脂,能幫助牠們維持身體機能所需的熱量和脂肪酸。以下兩種是狗需要從食物中才能得到的必需脂肪酸:

| Omega-6 脂肪酸 |

Omega-6 脂肪酸可從肉類和蔬菜中攝取,它能促進毛髮生長與維持亮麗的毛色,但並不是吃越多就表示越好,超過建議用量會造成身體發炎。玉米油 1 又 1/2 茶匙,可提供一隻 18 公斤的狗一天所需的量。

| Omega-3 脂肪酸 |

魚油裡面含有豐富的 DHA 和 EPA[*],屬於 Omega-3 多元不飽合脂肪酸。Omega-3 脂肪酸可以平衡過量的 Omega-6 脂肪酸,降低體內不必要的發炎狀況、修復傷口、預防心血管疾病、腦血管病變和惡性腫瘤等。鮭魚油 1/4 茶匙或 1 湯匙的椿魚肉,便能提供一隻 18 公斤的狗一天所需的量。

狗的餐點裡頭,若有新鮮的肉類,就不需要再特別補充 omega-6 脂肪酸,但是可以滴幾滴魚油補充 omega-3 脂肪酸。一般來說,omega-6 脂肪酸與 omega-3 脂肪酸的佔比約為 5:1 至 10:1,也能添加維他命 E 幫助狗吸收這些油脂。要注意的是即便你的狗正在減肥,仍需要好的油脂,應該減少餐點的份量,而不是減少必需的油脂。

蛋白質的份量

也許你曾聽過蛋白質過量會損害腎臟,但其實不要過量,多給一點點是安全的。《kirk 獸醫治療》第八集小動物演練(Small Animal Practice)提出「限制蛋白質的攝取量,並不能改變腎臟病變的發展,更不會因為限制就能有效保護腎臟機能。」假如你的狗有腎臟疾病的疑慮,一定要與獸醫詳細討論。

EPA

魚油中的 EPA 成分是一種特殊的不飽和脂肪酸,含有許多能幫助血液循環的保護因子。EPA 還能幫助肥胖、患有高血壓、高血脂的狗,維持血液流動的順暢度,抑制不正常血液凝集、避免血栓發生,也可預防中風或心肌梗塞。

{碳水化合物協助身體使用蛋白質}

碳水化合物可以從蔬菜和穀類中攝取，雖然狗生理上是不需要碳水化合物，但它還是有些優點，例如碳水化合物可以幫助身體更好使用蛋白質，具抗氧化功能，熱量比脂肪低，還可提供基本的維他命與礦物質，並減緩消化時血糖迅速升高的速度，讓身體吸收更多營養。為了讓碳水化合物發揮最棒的功效，建議蔬菜和穀類的含量不要超過 30% 為佳。

{纖維能維持腸道中水分的平衡}

大部份的食材都含有纖維質，它能維持狗腸道中水分的平衡，並增加益菌維護消化系統的健康。一般只要控制好蔬菜和穀類的比例，就能適當提供一天所需的纖維，但是攝取過量會造成胃部脹氣，而且所產生的植酸會讓狗的身體較難吸收鈣質。

{狗為什麼不能吃素}

人類為雜食性動物，當食物到達胃部時，會停留在此消化半個小時左右後進入小腸與大腸，接著在腸道停留數小時，甚至長達十小時以上；但狗的腸胃道設計與人類不同，牠們的胃部消化食物會花上好幾個小時，此時胃酸已經把大部份的細菌殺死，這也是狗吃地上的東西不會拉肚子的原因。狗的消化系統主要並不是用來吸收碳水化合物與纖維，所以當食物進入腸道後，會在很短的時間內被排出來，因此人類餐點的食材比例或吃全素並不適合套用在狗身上。

{礦物質與微量礦物質的重要性}

植物從土壤裡面吸收礦物質，動物吃下植物攝取其中的礦物質，科學研究已證實狗的飲食中須含有鈣、磷、鎂等十二種礦物質。對狗有益的微量礦物質，因為攝取量不多，大部份的乾糧都沒有添加，但我們能從新鮮食材中獲得，其中又以海藻含有最多的微量礦物質。礦物質及維生素的種類有很多，在準備時不需有壓力，因為大部份的礦物質和維生素都可在鮮食中取得。

鈣
Ca

鈣是狗身體中含量最豐富的礦物質，它能強健牙齒、骨骼，幫助神經系統的傳導，協助血液凝固、肌肉和心臟的收縮，還能幫忙吸收維他命 B12，可以從起司、優格、波菜、生骨頭及沙丁魚罐頭等食材中攝取。自製鮮食容易造成鈣攝取不足，可在餐點中加入 3/4 茶匙的蛋殼粉或吃生骨頭。副甲狀腺的工作是用來調節鈣的量與血液中的磷相互影響，鈣若攝取不足，副甲狀腺會從狗的骨頭取得鈣質。當副甲狀腺分泌更多賀爾蒙來平衡鈣與磷的比例時，會導致副甲狀腺機能亢進，這會對骨骼和關節造成永久性的傷害。不過，提供過量的鈣也沒太大的助益，因為狗在尿尿時會排出多餘的鈣，而鈣太多也會抑制磷的吸收。

磷
P

磷和鈣是一起工作的伙伴，在血液裡需要維持平衡的狀態，為狗身上第二含量豐富的礦物質。大部份的磷都存於骨骼裡，可以強化骨骼，而其它部分的磷則能幫助神經傳導，保持血液的酸鹼值中和，並協助脂肪、蛋白質和碳水化合物的代謝轉化為能量。肉類、魚類、蛋奶類和穀類等食材中，都可攝取到磷，一隻 18 公斤的狗一天要吃下 340 克的雞胸肉才能得到足夠的磷，但沒吃到那麼多也不需擔心，因為磷攝取過量會引發骨頭病變，過量遠比不足嚴重。

鎂
Mg

　　鎂也集中在骨骼中。此外，狗的內臟和體液中也都含有鎂，它能幫助身體排毒、強健骨骼、放鬆肌肉、預防高血壓、心血管疾病和血糖代謝。魚類、肉類和蛋奶類等食材中都含有鎂，若飲食均衡不需特別增加鎂，但攝取不足，可能導致睡眠障礙、癲癇或心情鬱悶等症狀。

鈉
Na

　　鈉能維持細胞內的水分平衡，有助於營養素的傳遞與代謝體內的廢物。可以從肉類、魚類和起司等食材中攝取，一隻 18 公斤的狗一天約需要 230 毫克的鈉，而 1/4 杯的茅屋起司就能提供一半的鈉。

氯
Cl

　　氯能維持體內酸鹼值的平衡，還可協助消化蛋白質。我們能從肉類和蔬菜中找到氯，其中又以海藻和番茄的含量最高。一般來說，不需特別補充氯，因為狗若有攝取足夠的鈉時，也會同時攝取氯。

鉀
K

　　鉀主要存在於細胞液中，是神經傳輸和肌肉收縮的必備礦物質。番茄、甜菜、豌豆、魚類、牛奶、香蕉及柳橙汁等食材中都含有到鉀，其中又以紅地瓜含量最多，1 杯牛奶能提供一隻 18 公斤的狗一日所需的量。除非獸醫建議，否則不需另外添加鉀在狗的餐碗裡。

鐵
Fe

　　鐵能輔助紅血球輸送氧氣到身體的每個細胞中，還能製造細胞及預防貧血。雖然鐵是所有的礦物質中最難被轉化吸收的，但不需過於擔心，因為紅肉、肝臟、家禽、魚肉和雞蛋等食材都含有豐富的鐵，其中又以紅肉是最容易被吸收的。150 公克的內臟即可滿足一隻 18 公斤的狗一日所需的量。若鐵攝取不足，會表現出精神萎靡、疲勞、煩躁及牙齦蒼白等症狀。

碘 I	甲狀腺激素的生長和代謝都需要碘,因為它不會被儲存在體內,所以每天吃一點含碘的食物是很重要的。海帶、藍藻、螺旋藻、魚類都含有豐富的碘,1/8 茶匙的海帶即能滿足一隻 18 公斤的狗一日所需的量。假如你的狗甲狀腺有問題的話,建議不要過量食用蕪菁甘藍、花生、波菜、捲心菜、白蘿蔔、草莓或梨子。
錳 Mn	錳能幫助骨骼的生長與製造、酶的製造和代謝、神經傳導、肌肉放鬆及降低血糖,如果缺乏錳容易有骨骼變形和成長不易等問題。海帶、藍藻、螺旋藻都含有豐富的錳,每日添加一點海帶粉到狗的餐點裡,就能同時幫牠補充錳和碘。
銅 Cu	銅能維持締結組織及骨骼的正常發展,還可幫助鐵傳遞蛋白質和維持毛色的功用,若缺乏會有貧血和骨頭異常等症狀。肝臟、魚肉、有肌肉的肉類、藜麥和小米中都含有豐富的銅,14 克的肝臟可提供一隻 18 公斤的狗一日所需的量。
鋅 Zn	狗體內有 200 多種含鋅的酵素,能幫助身體成長發育、代謝營養素、維持免疫功能、傷口癒合等,如果鋅攝取不足,可能會出現食慾不振、成長緩慢、癒合功能受損、生殖系統發育不良等症狀。鋅可以從雞蛋、魚類、肉類等食材中攝取,14 克的牛肉能提供一隻 18 公斤的狗狗一日所需的量。
硒 Se	硒可以維持正常的甲狀腺功能和調節甲狀腺激素的代謝,對生殖和免疫系統最為重要。全穀類和動物內臟中都含有豐富的硒,其中又以巴西堅果的含量最多,1 粒巴西堅果可以滿足一隻 18 公斤的狗一日所需的量。

硼 B	硼能幫助骨骼在成長時的礦物質代謝，也能緩解關節炎、調節副甲狀腺與神經傳導機能。全穀類與蔬菜水果中便可攝取到硼，半杯的蔬菜即能滿足一隻18公斤的狗一日所需的量。
鉻 Cr	鉻可以協助脂肪產生熱量，維持肌肉組織運作，增強胰島素控制血糖的能力和葡萄糖的代謝。起司、肝臟、有肌肉的肉類中都能攝取到鉻，與營養酵母、穀類和小麥胚芽一起食用可發揮最佳效用，1顆蛋可提供一隻18公斤的狗一日所需的量。
鉬 Mo	鉬能幫助鐵的再生和使用。穀類、深綠葉蔬菜和內臟都能攝取到鉬，1根小紅蘿蔔可滿足一隻18公斤的狗一日所需的量。

｛維生素是成長的必備條件｝

維生素是狗在生長發育、保持正常新陳代謝過程中所需的營養素，但狗的身體無法自行合成維生素，需從食物中攝取。維生素又可分成兩大類，分別是脂溶性維生素 A、D、E、K 和水溶性維生素 B 群與 C。要特別注意的是攝取過多的脂溶性維生素，會累積在脂肪和內臟中不易排除，進而影響身體功能，而水溶性維生素則能經由尿液排出體外。

維生素 A	維生素 A 能增強免疫力、生殖系統、骨骼和肌肉的生長，具抗氧化功能，亦能維護視力和皮膚健康。魚類、魚油、蛋奶、肝臟、波菜、羽衣甘藍、哈密瓜、紅蘿蔔和根莖類的蔬菜都含有維生素 A，1/2 匙魚油可提拱一隻 18 公斤的狗一日所需的量。
維生素 D	維生素 D 有助於鈣和磷的吸收，還可幫助骨骼生長、血液凝固和神經傳導。可從魚肝油、肉類的油脂、牛奶、內臟等食材中攝取，而太陽的日光也含有維生素 D。1/2 匙魚肝油可提供一隻 18 公斤的狗一日所需的量。

維生素 E	維生素 E 可以維持肌肉的健康、神經傳導，還能預防白內障及提升免疫力，同時它也是最強大的抗氧化劑之一，經常被用來作為商業寵物食品的防腐劑。菠菜、長型奶油南瓜、內臟、雞蛋、全穀類及油脂類都含有豐富的維生素 E，1 又 1/2 茶匙小麥胚芽油可提供一隻 18 公斤的狗一日所需的量。
維生素 K	維生素 K 可以在狗的大腸中合成，它有助於血液的凝固和骨骼形成，大多數的狗並不需要特別補充，除非有在服用抗生素。所有的綠葉蔬菜都含有豐富的維生素 K，1 湯匙的綠葉蔬菜可提供一隻 18 公斤的狗一日所需的量。

｛維生素 B 的特殊貢獻｝

維生素 B 可以協助碳水化合物、脂肪和蛋白質的進行代謝，能從動物內臟、雞蛋、魚類及深綠葉蔬菜等食材中攝取。下列的維生素 B 對狗具有特殊貢獻，如果你的狗正處於有壓力情緒中，例如最近剛搬家、有新來的動物或剛生小寶寶等，都會需要維生素 B 群的幫助。

維生素 B1（硫胺素）	維生素 B1 可以幫助狗生長發育、維護神經功能，也可防止狗吃大便。營養酵母、動物內臟和全穀類等食材中都含有維生素 B1，1 又 1/4 茶匙的營養酵母便可提供一隻 18 公斤的狗一日所需的量。
維生素 B2（核黃素）	維生素 B2 能協助其它維生素的運作，還可維護眼睛和皮膚的健康。動物內臟和乳製品中均含有豐富的維生素 B2，約 31 公克的羊肉肝臟可提供一隻 18 公斤的狗一日所需的量。
維生素 B3（菸鹼酸）	維生素 B3 可以幫助能量代謝和維持肌肉的結實度。雞肉、魚類和營養酵母等食材中都含有豐富的維生素 B3，約 62 公克的雞胸肉可提供一隻 18 公斤的狗一日所需的量。

維生素 B5 （泛酸）	維生素 B5 可以幫助狗分泌賀爾蒙、維持消化及生殖系統的功能。肉類、蛋、營養酵母和深綠葉蔬菜中都含有維生素 B5，1 湯匙營養酵母可提供一隻 18 公斤的狗一日所需的量。
維生素 B12 （鈷胺素）	維生素 B12 能協助神經傳導，維護心臟的健康，同時它也是生成血紅素的必要營養素。只有在家禽、魚和內臟等肉類食材中，才能找到維生素 B12，約 62 公克的火雞內臟可提供一隻 18 公斤的狗一日所需的量。
生物素 （Biotin）	生物素的主要的功用為代謝脂肪、蛋白質及氨基酸等，還可合成出肌肉所需的肝醣，維護皮膚和毛髮的生長。蛋黃、肝臟和營養酵母等食材中都含有生物素，1 顆熟蛋黃可提供一隻 18 公斤的狗一日所需的量。不過，要避免餵食狗吃生蛋白，因為裡頭含有的抗生素蛋白會阻止生物素的作用。
葉酸 （Folic Acid）	在母狗的懷孕期間，葉酸有一定的重要性，它可以幫助細胞生長和分裂，生成紅血球和預防畸形兒。綠色蔬菜、肝臟、營養酵母、米飯和麵食等食材中都含有葉酸，半杯煮熟的白米飯可提供一隻 18 公斤的狗一日所需的量。
膽鹼 （Choline）	膽鹼雖是維生素，但它的作用就像其它維生素 B 一樣，可以幫助脂肪的代謝和製造大腦所需的神經化學物質。雞蛋和內臟都含有膽鹼，4 顆雞蛋或 2 湯匙大豆卵磷脂可提供一隻 18 公斤的狗一日所需的量。
維生素 C （Vitamin C）	維生素 C 是絕佳的抗氧化劑，可以減緩老化，幫助免疫系統運作、分泌賀爾蒙及維護骨骼、牙齒的健康。一般的水果和蔬菜中都能攝取到維生素 C，不過因為的狗身體能自行合成維生素 C，若沒特殊情況或疾病，並不需要特別補充。

{人與狗所需的營養素比較表}

左圖為一隻 25 公斤的狗和一個 25 公斤的小女孩。他們體重一樣，但所需的營養比例卻大不相同。從下圖表中，可看出狗的身體比較需要的營養素為鈣、硒、維生素 B 族群、銅和鋅。

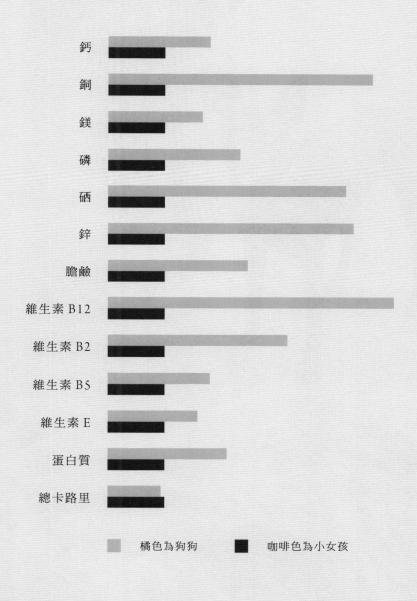

Chapter III

可以吃的食材有哪些

所有人類可以放進嘴巴吃的新鮮食物，
只要不經過調味，
幾乎都可以跟狗共享，
但是有些我們愛吃的食物，
會為狗帶來生命危險。
下面將針對適合狗的食材、
不能吃的食物及需小心餵食的食物做介紹。

{絕對不能吃的食材}

| 巧克力 |

任何類型的巧克力都含有咖啡因、可可鹼和茶鹼，這些成份對狗來說是有毒的，並且會過度刺激神經系統，常被人類使用的可可粉比巧克力多出兩倍的可可鹼，如果狗不小心吃了巧克力或可可粉，請立即聯繫獸醫。若希望做出類似巧克力的餐點，可以參考美國寵物食譜很常使用的食材 —— 角豆（Carob），它含有豐富的鈣和磷，是能與狗分享的食材。

| 茶和咖啡 |

咖啡裡的咖啡因和茶裡的茶鹼，對狗來說也是有毒性的，請勿和狗分享這些飲品。

| 脂肪與動物皮層 |

某些動物的油脂對健康有絕佳好處，但給狗主人不想吃的肥肉或雞皮會導致牠們嘔吐、拉肚子或胰臟炎。根據調查，每年美國感恩節過後，平均增加數百件因胰臟炎進入獸醫院的案例，就因為主人把不要吃的火雞皮送進狗的肚子裡。在挑選肉類食材時，盡量以去皮的瘦肉為主。

| 酒精 |

只要一點點酒精就會讓狗嘔吐、身體不適，甚至死亡。若看到有人開玩笑給狗喝酒，可以請他自己獨享或分你喝。

| 洋蔥與青蔥 |

洋蔥與青蔥裡頭的的硫代亞硫酸鹽會破壞狗身體裡的紅血球循環，並讓紅血球急速氧化，導致貧血。如果狗誤食洋蔥，出現嘔吐、尿血、便血、腹瀉或無力，請儘速前往獸醫院進行驗血治療。

| 生蛋白 |

無論買來的雞蛋來源有多安全新鮮，也不能讓狗、吃生蛋白，因為生蛋白含有病菌，如沙門氏菌，也含有一種名為卵白素的蛋白質，它會干擾生物素的吸收，耗盡某些維生素 B，讓皮膚和毛髮失去健康。此外，病菌會存於生蛋黃和生蛋白之間，雖然說餵食生蛋黃對狗是個好主意，但為安全起見，建議蛋煮熟比較安全。

| 葡萄與葡萄乾 |

新鮮的葡萄和脫水的葡萄乾，因容易發霉進而損害狗的腎臟功能或造成腎衰竭，不過，也有另一種說法是獸醫在測試葡萄時，要測試的葡萄正好發霉，因此判定狗不能吃葡萄。如果你確定購買的葡萄是新鮮的，也可以讓狗試試看；若不想冒險，就給予其它種類的水果。雖說葡萄被認定為對狗是有危險的，但葡萄籽油對狗的身體是有益處的哦！

| 果核 |

　　果核會阻塞在消化道，無論大狗或小狗都不能吃果核。如果你的狗喜歡杏子、芒果、桃子或李子等有果核的水果，一定要先去除果核。

| 胡椒與辛香料 |

　　除了少許的薑黃可以增進狗的身體機能外，狗的餐點中不需額外的辛香料增添風味，如胡椒、辣椒和荳蔻等，這些辛香料會過份刺激狗的消化系統。

| 含有鹽巴和帶有鹹味的食物 |

　　無論是醬油、鹽巴或醃製品，如臘肉、香腸和培根，都不該和狗共享，只要帶有鹹味，對狗而言就是含有過多的鈉。一般而言，鮮食中就已經有足夠的鈉滿足狗的日常需求，食用過量的鈉，會導致電解質失衡。貴賓犬吃下一片含有鹽分的馬鈴薯片，就足以對健康造成很大的負擔。

| 生麵團 |

　　試著想像生麵團進入胃部後，開始發酵膨脹的樣子。生麵團除了會讓狗胃脹氣外，還會影響消化器官的功能，讓牠們極度不適。

| 木糖醇 |

給狗食用無糖食品或甜點，如無糖花生醬、無糖可嚼維他命、餅乾，還有潔牙口香糖等，需注意成份標示是否含有木糖醇，木糖醇對人類無害，但對狗來說，它比巧克力的毒性更強，會導致嚴重的低血糖、癲癇發作，甚至肝衰竭。根據統計，去年在美國已經有三千多個案例，狗因誤食主人的無糖食品失去生命，請把這些食品放在牠們偷吃不到的地方。

| 夏威夷豆 |

夏威夷豆含有某種毒素會導致狗的消化與神經系統功能失調，出現嘔吐或心跳加快的症狀。對狗來說，巴西堅果、花生或松子會是比較好的選擇。

| 生鮭魚和鱒魚 |

大多數的人都愛吃生魚片，但千萬不要與狗分享這份美味，因為生魚片的來源不一，有些棲息地帶有寄生蟲的疑慮，例如從太平洋西北方來的鮭魚和鱒魚，具有致命的可能性，病兆通常會在一周內出現。若要餵食魚肉，一定要煮過才安全。

| 零食與加工食品 |

所有的加工食品，如甜不辣、車輪、魚板或市售零食，如魷魚絲、洋芋片、豆干零食等等。當你在享用這些零食和加工食品時，請不要邀請狗加入。

| 所有發霉或過期的食物 |

人不能吃發霉或過期的食物，狗當然也不行。

{需小心使用的食材}

不同品種的狗，消化吸收能力也各有不同。對某些狗來說，下列的食材清單，有些會增加牠們消化系統的負擔，建議餵食前先詢問獸醫的意見。

| 骨頭 |

骨頭為狗身體鈣質的良好來源，還能幫助清潔牙齒。啃骨頭可以舒緩狗在生活中所面臨的壓力，但吃煮過的骨頭，有可能會因為碎片導致胃穿孔或碎片梗塞在消化道，甚至還有讓牙齒斷裂的可能性。不過，大多數的狗都能消化少量的骨頭。

給狗吃骨頭前，應先充分了解牠咬碎骨頭的速度有多快？每 5 分鐘檢查一次，若發現骨頭上有大塊缺失或裂縫，就是該把骨頭丟掉的時候了，不要讓牠吃可以一口吞下的骨頭尺寸。此外，煮熟後的骨頭因為已經破壞骨骼結構的完整性，啃咬時非常容易斷裂，特別是家禽類的骨頭。

生骨頭是很好的選擇，可以給予雞、鴨、鵝等家禽骨頭或骨頭較粗的牛骨和豬大骨，在餵食前可將骨頭置於零下 16 度的冷凍環境，利用低溫殺菌。若仍擔心細菌問題，可將生骨放入沸水中煮 10 秒鐘。

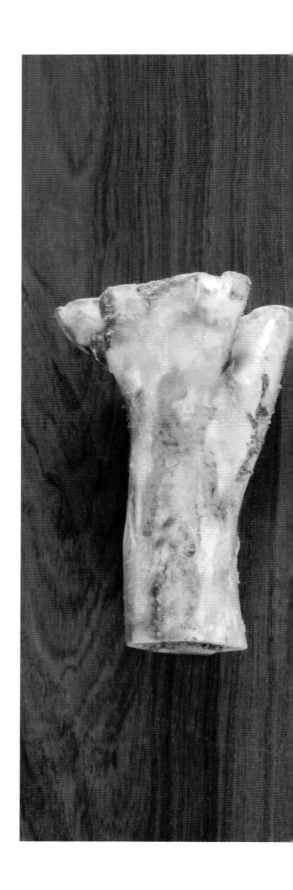

| 奶製品 |

全脂、低脂牛奶、羊奶（溫補效果比牛奶好）、無糖優格、茅屋起司（Cottage Cheese）和瑞可達起司（Ricotta Cheese）這些奶製品都很適合給狗食用，可在餐點中加一點點起司，或在牠的早餐上面淋上 1 湯匙的原味無糖優格觀察腸胃的反應，如果反應良好，表示你的鮮食菜單有更多的食材搭配選擇。不過，攝取過量的奶製品會造成腹瀉或消化不良，而起司含有少量的鹽份，熱量高，只能偶爾食用。

| 酪梨 |

酪梨果肉中含有豐富的營養成分，有狗所需的脂肪酸，可以維護皮膚和毛髮的健康，但酪梨的葉子和果核含有微量毒素，攝取過量會引發嘔吐、腹瀉等症狀。來自瓜地馬拉酪梨比較危險，但加州的酪梨就不太需要擔心。

| 肝臟 |

肝臟含有豐富的維生素 A 和 D，其香味讓狗為之瘋狂，它能當成最高級的獎勵零食，但因油脂量過高，餵食份量盡量不要超過一餐的 5%。此外，如果你的狗是梗犬，要特別注意肝臟的攝取量，這個品種的狗，可能因為吃太多肝臟累積過量的銅，導致嗜睡、嘔吐、體重減輕，甚至引起肝炎。

{適合狗吃的食材}

| 肉類 |

　　肉是狗最主要的餐點食材。以下有四點注意事項，在選購肉類時可以參考。

| 使用瘦肉 |

　　雞肉、豬肉、羊肉、牛肉等各種動物的瘦肉，對狗都是不錯的選擇。正在減肥中的狗，可以吃脂肪含量較低的雞胸肉，雞里肌肉或高熱量零脂肪的鴕鳥肉。牛肉可使用油脂含量最少的牛菲力（腰內肉）和牛腿肉，它們的熱量比其它部位的牛肉還低一點。豬肉曾經有些爭議性，部份獸醫認為豬肉的脂肪顆粒較大，不太適合狗食用，但後來又有人證明狗其實也能吃豬肉，而豬肉的價格也比其他紅肉類的價格更經濟實惠。

　　雞里肌肉的口感比雞胸肉好但價格較高，適用於秋季潤肺，無論狗幾歲都能吃這兩種肉類，堪稱狗最好的朋友！瘦羊肉與瘦牛肉，則適合在冬天進補食用。至於較難取得的鴕鳥肉或火雞肉，適合全年齡的狗，特別是不能攝取過多脂肪，但又需要足夠熱量來補充體力的樂齡犬。

| 購買絞肉時，請在現場選擇你要的肉塊 |

　　過油的白色脂肪對狗的健康沒有任何好處。到傳統市場買絞肉的話，需先確認攤商沒有把肥肉放進絞肉機裡，因為一般市面上販售的絞肉，都含有一定比例的肥肉，不適合給狗吃。建議選擇大塊的全瘦肉，去除所有白色的脂肪後，再放入絞肉機絞碎。此外，在烹煮肉類時，可撈起浮在上層的多餘油脂，煮好放涼後進冰箱隔夜，早上起床再刮除已經凝結成塊的白色油脂，這樣就能避免狗吃下不好的脂肪。

| 去皮 |

　　即使狗用可愛的眼睛看著你，也不能給予雞皮。
動物的皮膚油脂含量過高，不只會帶來胃部不適，導
致拉肚子外，還會引發胰臟炎及相關併發症的可能
性，尤其是過胖的狗發生胰臟炎的機率會比一般的狗
來的高。如果狗時常吃帶皮的肉或肥肉，需觀察是否
有腹部不適的症狀。此外，也可能會有無力感、嘔
吐、食慾不振、脫水、呼吸困難、腹瀉、發熱等現象，
如果有其中一兩項出現，需帶去給獸醫仔細檢查。

| 肉乾零食 |

　　有些牛肉或羊肉製成的肉乾零食，脂肪含量也不
容小覷。我曾經把某種冷凍乾燥處理的牛肉零食用熱
水泡開後，把吃不完的肉乾進冰箱保存。隔天早上看
到肉乾零食表面覆蓋上一層厚厚的白色脂肪，令人擔
憂，不要小看零食，過量對健康是很大的負擔。

| 魚肉 |

　　魚肉能維護狗的毛髮及皮膚健康，還能補充 Omega-3 脂肪酸。魚肉的脂肪含量也比紅肉低，適合給需要減肥的狗吃。購買魚肉時，可選擇骨頭較大的魚肉方便將魚刺挑起，例如鱈魚、鮭魚、鯡魚等；若是魚刺較多又較細的魚類，在給狗食用前，一定要確認所有的魚刺都已清除乾淨。我們不會希望狗在吃完魚肉後，還得進醫院拿出卡在喉嚨或腸道的魚刺。

　　烤魚或蒸魚都是很棒的餐點，而沙丁魚罐頭則是方便快速的選項，裡面的魚骨頭在加熱時就已經融化，可以直接食用，也能增加鈣質。除了魚肉之外，其它的海鮮，如蝦、干貝、蛤蠣、螃蟹等，都不適合作為狗食用的食材。

| 內臟 |

　　內臟含有大部分狗所需要的維生素與礦物質，而且每種內臟都含有不同的營養，例如肝臟有豐富的維生素 A、牛心有豐富的銅等。不過，內臟不能給過量，尤其是油脂含量高的肝臟類。偶爾給狗吃一些肝臟零食，對健康有益；若狗的腸胃對肝臟接受不高，也可以用魚油取代。其它的內臟類，如心臟、腎臟、肝臟、腸子、胃和肺，也是狗可以吃的，但是肝臟和腎臟屬於排毒器官，購買內臟時，選擇人道餵養的動物會比較安全，台灣某些品牌有販售不錯的內臟，而且價格合理。

　　牛肚也是你可以考慮的內臟食材。牛隻宰殺後牛肚上面沒有被消化的食物和綠草，都帶有豐富的營養，但市場上所販賣的牛肚，已經將這些殘留在牛肚上的消化渣都清洗乾淨了。如果想要購買未經處理的牛肚，有些寵物品牌有販售牛肚（綠肚）的罐頭，可

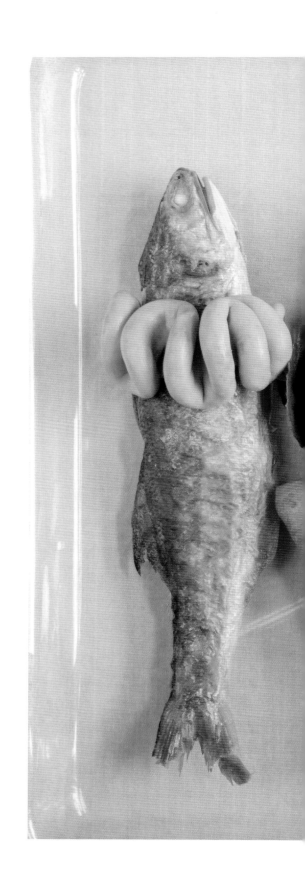

方便隨時幫狗補充營養。綠肚上的綠色殘渣，是牛在胃裡未經消化的植物，但並不是每隻牛都吃草，所以有時綠肚也會呈現棕色。

| 蔬菜 |

所有綠葉蔬菜，除了蔥、韭以外，都很適合給狗食用，如小黃瓜含有豐富的維他命 C，紅番茄能維護心臟機能，巴西里可幫助消化、口氣清新，白、綠花椰菜含有豐富維他命，高麗菜能保護胃部，還有綠豌豆與毛豆，都是很好的蔬菜攝取來源。

根莖類的蔬菜，適合在冬季食用。如地瓜甜度高、含有澱粉和纖維；山藥、南瓜、紅蘿蔔及白蘿蔔可以保護胃部；甜菜根、蓮藕、芋頭和牛蒡等則能補血；馬鈴薯卡路里低、鉀含量高，維他命 C 的含量與蕃茄一樣多，具有地下蘋果之稱，是很好的膳食纖維。馬鈴薯不一定要去皮，只要洗乾淨去除眼洞即可，記得未熟成表皮帶綠色或已經發芽的馬鈴薯含有龍葵鹼，有毒性不適合煮狗吃。

海藻除了具備 60% 的植物性蛋白質外，還含有鈣、鐵、維他命 B12、碘和鉀等礦物質，並可維持腸道健康，強化免疫系統，維護甲狀腺機能及毛髮的健康，容易被消化吸收，是完美的餐點食材。若狗的腸胃不好，可在鮮食裡加入海藻，幫助牠們恢復元氣。此外，海藻也具備抗癌功效，可排除每日累積在體內的重金屬。不同的海藻，具備不同的功效，目前市面上已有販售寵物專用的混合海藻補給品，能快速加入狗的鮮食中維持身體所需。若是購買新鮮的海藻，建議先泡水再用水沖洗 5 分鐘，去除鹽分。

| 雞蛋 |

　　雞蛋的蛋白質含量為所有食材中最高，價格經濟實惠又容易購買。不過，現在市面上的雞蛋有賀爾蒙過多和抗生素的疑慮，選擇有機雞蛋給狗吃會較安全。鵪鶉蛋也是可以納入菜單的食材。雞蛋的烹調方法有很多種，水煮、炒蛋、溫泉蛋、蒸蛋、美式煎蛋卷及荷包蛋等，早上起床做早餐時，就可以順手準備一份不加鹽巴的煎蛋與狗分享。

| 穀類 |

　　穀類屬於碳水化合物，它會影響胰島素的分泌幫助吸收油脂，且含有豐富的纖維、蛋白質、維他命及礦物質。不同的穀類混合在一起吃，氨基酸會比較好進而提升蛋白質的品質。穀類的日曬時間比蔬菜長，從陽光中得到的營養素也會比蔬菜多。糙米、小麥、玉米、粟米和庫斯庫斯等，都適合給狗食用。

　　五穀類中的藜麥有豐富的蛋白質，含必需的八種氨基酸、B 族維生素和礦物質，而且屬於低升糖指數的食材，可放心適量加入狗的餐點。莧籽有穀王之稱，裡頭有礦物質及維生素 C，也比其它穀類有更多的蛋白質和營養素，它的鐵是小麥的 2 倍，鈣是小麥的 4 倍。雖然紅肉的鐵質是最容易被狗吸收的養分，但偶爾也能給狗吃這些含有礦物質的穀類。

　　用穀類製成的麵條，如義大利麵、烏龍、蕎麥、陽春麵、裸仔條及米粉等，都可以適量給狗食用，但記得不要把煮過麵條的水給狗喝，因為煮麵的水含有鹽分。此外，很多主人喜歡給狗吃吐司，但市售的麵包和吐司都有添加鹽分，因此用麵包機自己 DIY 做麵包才是最安全的。吐司、麵包、麵條和米飯的熱量都很高，不適合作為狗的主食，需酌酌給予。

　　由於狗的腸道短或有些狗的胃壁較薄，不好消化較硬的穀類，如果只能選擇蔬菜或穀類加入肉類的餐點裡，蔬菜會比穀類好。狗攝取過量的纖維，容易造成血便、關節炎和過敏，記得把握穀類一餐不能超過15%的比例原則。建議較硬的穀類，如糙米或發芽玄米，可以先泡水隔夜讓它軟化，瀝乾水分再分裝放入冷凍庫保存，要吃時再拿下來煮，這樣處理能讓糙米的口感較軟，也可用低溫殺死米蟲的卵。觀察狗食用後所排出的大便，若仍有完整穀類顆粒，可以利用調理機打碎，會比較好消化。狗有便秘的問題，也能使用穀類混合含有纖維的食材，像是地瓜幫助排便。

| 起司 |

　　狗通常無法抗拒起司的香味，但是起司的脂肪含量過高，而且牠們沒辦法完全消化，因此在選擇時要多加留意，像茅屋起司（Cottage），乳清起司（Ricotta）和奶油起司（Cream Cheese）可適量加入餐點裡頭。此外，在訓練時，建議不要用起司作為獎勵，因為會不知不覺餵食過量導致拉肚子。起司的脂肪和熱量較高，在大量運動後，給一塊起司當作獎勵是可行的。

| 優格 |

　　無糖優格含有豐富的蛋白質和礦物質，裡頭的益菌也能增進狗的消化系統運作。不要購買有口味或含糖的優格，這類的優格不但卡路里偏高，添加的香味也會讓狗拒吃。活動量低的狗、減肥和樂齡犬，很適合吃低脂無糖優格。提醒若是先準備好一個禮拜的鮮食份量，不可以先加優格，因冷凍保存會殺死優格裡面的益生菌，建議加熱放涼後再加入。

| 豆類 |

　　豆類的蛋白質含量高，偶爾可以用豆類食材取代部分肉類比例，但是不能完全取代，因為肉類有豆類無法提供的營養，而且狗對植物性蛋白質的吸收能力較差。常見的豆類食材且適合狗吃的有：豆腐、無糖豆漿、納豆、毛豆、綠豌豆、紅豆及黑豆等。有些小型犬對豆類的吸收或咀嚼能力較差，建議煮熟後再放入調理機打碎，幫助牠們消化。此外，生病的狗不適合食用黃豆食品，如豆腐，豆干和豆漿。黃豆含有很高的植酸，會阻礙腸道吸收礦物質等營養，食用黃豆可能會造成營養不均衡。

| 水果 |

　　大部份人類吃的水果狗都能吃，只是牠們也會有自己的喜好，如蘋果、香蕉、草莓、水蜜桃和梨子等。紅蘋果比青蘋果更適合狗食用。餵食蘋果時，要先去籽，如果狗不吃蘋果，可以去皮切丁混在鮮食裡面，其它含有果核的水果也是以相同的做法處理。

　　木瓜、芒果含有酶且能抗氧化；西瓜、哈密瓜能消暑、草莓、柳丁與奇異果含有豐富的維生素 C；水梨可快速補充水分和潤肺；蔓越梅能幫助泌尿道感染；藍莓的青花素可預防心血管疾病、糖尿病和白內障等退化性眼疾，而且有機超市販賣的手摘有機藍莓，大小只有一般藍莓的 1/10，不用切就能吃了。要注意的是桃子、哈密瓜、香蕉的鉀含量很高，若你的獸醫有限制狗的鉀含量攝取，需特別小心。

| 油脂 |

　　魚油是每天一定要加入鮮食的油脂，但要注意有些魚油不能被加熱，只能在常溫狀態下食用。亞麻籽油雖含有豐富 Omega-3 脂肪酸，能維持皮膚和毛髮的健康，減少腸道寄生蟲疾病，還能防止便秘，但很可惜的是亞麻籽油的轉化能力，在狗的身上並無顯著效果。若患有過敏、關節炎、腎臟和心臟疾病等，就不建議使用亞麻籽油。

　　在製作餅乾或湯品時，也可加入不同的油脂，例如橄欖油、葵花籽油、葡萄籽油、芝麻油和椰子油等。油脂也能從堅果類中取得，像是巴西堅果中的硒能和維他命 E 結合成抗氧化物質保護細胞，維持心臟、關節和皮膚的機能。其它堅果，如無鹽的花生、核桃和杏仁豆，都是優質的油脂來源。

| 乾貨 |

　　乾貨是增加香氣的好幫手。乾燥的菇類可先泡水切碎後，再用橄欖油或其它油類炒過爆香，就能讓狗吸收到油脂，在嗅覺上也獲得滿足。有機枸杞、羊栖菜可照顧眼睛，小魚乾含鈣，而椰子粉、巴西堅果、海藻粉能照護身體機能等，依狗的體型大小選擇合適的量後，可用調理機打成粉狀加入餐點中。

{如何幫狗換食}

| 逐漸轉換 |

　　漸進轉換可以幫助狗習慣新食物的味道，也能讓牠們的消化系統有足夠的時間自行調整。每當飲食急劇變化，甚至換飼料，都有可能會出現腹瀉或食慾減低的狀況，那是因為菌群在消化道仍在適應新的食物，慢慢轉換可以減少很多麻煩。

| 禁食幾天 |

　　每次當主人聽到要給寵物禁食幾天清腸胃都嚇壞了，甚至認為一兩天沒有進食會有生命危險，但其實這是不正確的。我有一隻白梗犬在三個月大的時候，曾經三天都不吃飼料只喝水，還是活蹦亂跳。後來我只好把牠綁在桌子旁邊限制行動，讓牠停止玩耍，幾個小時後牠才安靜下來乖乖吃飯。

　　幾天不吃不需要過分擔心，禁食能淨化身體，讓味覺休息接受新的食物。禁食不是必須的，但可以試看看。建議禁食期間，讓狗待在安靜的戶外環境，有大量的新鮮空氣，若能同時讓狗做些溫和的戶外活動會更好。每隻狗的情況不同，建議請教獸醫禁食的相關注意事項。

禁食建議步驟：

1. 前面一兩天，給牠少量平常吃的食物，加入少許的水煮肉、熟穀物或蔬菜。

2. 接下來的兩三天，只餵食液態食物，如純淨水、排毒清湯或蔬菜汁。

3. 再過一兩天，把少許的水煮雞胸肉和水煮蔬菜丁，加到排毒清湯中給狗食用。

4. 接著增加肉塊的分量，並加一點穀類在餐點裡，吃個幾天後就完成換食的過程。

自製高湯塊
Chicken Stock

雞胸肉 600 克

馬鈴薯 1 個

西洋芹 1 根

紅蘿蔔 半根

蘋果或水梨 1 顆

　　高湯可以用在很多地方，例如幫助狗適應新的餐點，也能讓不喜歡喝水的狗增加水分。可以取待煮飯的水或泡在飯裡，讓狗覺得飯是雞肉做成的，增加進食的意願；放入麵包塊當成點心；製作餅乾時，加入麵團中所使用的水，也能換成高湯，讓餅乾的味道更濃郁。

① 鍋子裝水煮至沸騰（水量取決於你想要的高湯份量）。

② 馬鈴薯、紅蘿蔔去皮切丁後放進滾水裡，待煮過稍為熟透再放入雞肉、西洋芹（切段）和水果。

③ 全部材料放入後，水滾後再轉小火再煮 5 分鐘。

④ 放用濾網把高湯過濾出來後放涼，分裝放入冷凍儲存。

高湯的美味祕訣

　　若希望高湯鮮美好喝，建議不要到超市購買雞肉，因為雞肉是所有的肉類中最容易腐敗的，可以去傳統市場購買當天早上販售的雞肉，會讓高湯的味道更好哦！

自製蛋殼粉
Eggshell Powder

蛋殼

鈣質是鮮食餐點中必加的重要營養素之一，蛋殼含有豐富鈣質，經濟又實惠。每個蛋殼約可製作出 1 茶匙的蛋殼粉。

① 蛋殼洗淨並晾乾。

② 烤箱以 150 度預熱。

③ 把蛋殼平均放在烘焙紙上，烤 5 至 7 分鐘，烤過的蛋殼看起來會是白色或淺咖啡色。

④ 把烤過後的蛋殼放涼，用磨碎碗、磨豆機或調理機磨碎至粉狀，確定沒有任何尖銳的小碎片即可。

⑤ 蛋殼粉存於密封罐內，室溫下最久可保存 45 天。

| 蛋殼粉建議攝取量 |

4.5 公斤	1/4 茶匙
9 公斤	1/2 茶匙
18 公斤	3/4 茶匙
27.2 公斤	1 茶匙
36.3 公斤	1 又 1/4 茶匙

> **積殼成粉**
> 用過的蛋殼洗淨後放入烤箱烘乾，再集中到同一個容器裡蓋上透氣布，等蛋殼累積至一定數量再一起磨成粉。

｛椰子油｝

　　椰子油是目前很受歡迎的寵物食材，由於椰子油的中鏈脂肪和一般油脂的長鏈脂肪酸不同，能幫助改善各種不同層面的健康問題。外用塗抹可舒緩修復皮膚，有些人還會將椰子油滴入眼睛中清潔眼睛，滴入口內可降低口臭，冬天時狗的爪子或皮膚乾燥，也可以擦點椰子油作保護，是天然的護膚產品。內服食用椰子油，能幫助狗維護甲狀腺功能，平衡體內胰島素水平，改善皮膚狀況，同時它也是腦部的超級燃料，可有效預防失智症。雖然椰子油為油脂，但不必擔心發胖的問題，它非常適合作為減肥犬的餐點。若想讓狗每天食用的話，每 4.5 公斤的體重一日可食用一茶匙（5 公克）的椰子油。

| 乾燥椰果和椰片 |

　　市售的乾燥椰果和椰片可以適量的灑在鮮食裡，或加入麵團中做成餅乾。

| 椰奶和新鮮椰果肉 |

　　椰子油是直接從椰奶中萃取出來的，400 毫升的椰奶含有約 5 湯匙的椰子油，因此椰奶也是很棒的鮮食食材。椰奶除了有中鏈脂肪酸外，還有蛋白質、礦物質與維生素。若想讓鮮食多點變化，可以利用新鮮椰果肉加入餐點裡，或經調理機打碎放入麵團做成餅乾，夏天則能將椰果肉和椰奶作為冰棒的配料幫狗消暑。

{ 大 蒜 }

　　新鮮的大蒜可以維護免疫系統和保持體內油脂的平衡，同時也能殺死細菌、真菌和寄生蟲，甚至有能幫助驅除跳蚤的說法。大蒜中含有許多狗所需的營養素，包括硫、鉀、磷、維生素 B 和 C、大蒜素、氨基酸、諸和硒等。不過，使用大蒜需小心注意用量狗的體型和品種，10 公斤以下的玩具犬食用會導致貧血，但 10 公斤以上適量食用對健康是有益的。

　　市售寵物狗專用有機大蒜粉，適用於所有的狗且沒有體重限制。雖然功效沒有新鮮大蒜或大蒜油來的有效，但方便性高，如果狗無法接受大蒜油或新鮮大蒜，可用大蒜粉取代。若狗還是不喜歡，可以試著把大蒜磨成泥狀再加入鮮食中一起烹調。

| 大蒜每日建議攝取量 |

9 至 11.5 公斤	1/8 瓣
11.5 至 22.7 公斤	1/4 瓣
22.7 至 45 公斤	3/4 瓣
45 公斤以上	1 瓣

{克菲爾酸奶 Milk Kefir}

克菲爾酸奶（Milk Kefir）是近年來很受歡迎的寵物食材。它含有各種不同的維生素、礦物質，益生菌和微生物，基本功能與優格大同小異，但能量卻比優格更好，具有卓越的療效能力，可以預防過敏、舒緩口臭、緩解脹氣和胃灼熱。

如果狗的主食為乾糧，乾糧含有高達 70% 的碳水化合物，這些碳水化合物被分解成糖，糖會變成酵母的動力在身體裡自由運作。若沒提供牠們低碳水化合物的食材（如生肉）當作餐點，就需要找救兵來攻擊酵母，因為過多的酵母會造成過敏和其它健康問題，而它的最佳救援者就是酸奶。克菲爾酸奶裡面的益菌能控制和消除酵母，停止酵母在體內所造成的破壞。此外，酸奶含有優格所沒有的益生菌和酵母，例如高加索乳酸菌、明串珠菌和鏈球菌屬的菌株，與有益的釀酒酵母、食用圓酵母等，高加索山脈的居民，就把酸奶視為生命糧食。

酸奶是我們可以與狗共享的食物，你可以選擇自已製作酸奶或到超市購買。超市販售的克菲爾酸奶大多為牛奶或羊奶製成，當然也可以使用植物奶，例如杏仁奶或椰奶，也有同樣的效果。狗食用酸奶的份量與其它食物一樣，每天給一點點先讓腸道適應，幾天後再慢慢增加至正常用量。

│ 酸奶每日最少建議攝取量 │

小型犬　　1 茶匙至 1 湯匙
中型犬　　1 至 2 湯匙
大型犬　　2 至 3 湯匙

自製酸奶
DIY Kefir Milk

克菲爾菌

任喝奶類 600cc.
（全脂、低脂牛奶或羊奶）

咖啡過濾紙

橡皮筋

塑膠或竹製過濾網

① 放 1 至 2 湯匙的克菲爾菌（長得有點像白色花椰菜）到寬口玻璃瓶。

② 再倒入牛奶或羊奶到寬口玻璃瓶裡。

③ 將咖啡過濾紙或軟布蓋住瓶口，用橡皮筋綁住瓶口封好。

④ 放在室溫約 21 至 22 度，發酵 12 至 20 個小時。天氣越熱所需的發酵時間越短，室溫不得低於 18 度。

⑤ 當瓶子的酸奶呈煉奶狀態時，倒入塑膠過濾網，邊過濾邊用木湯匙攪拌。完成過濾後，濾網會只剩粒狀克菲爾菌。

⑥ 把粒狀的克菲爾菌放到另一個玻璃瓶內，倒入牛奶，繼續製造下一瓶酸奶，重複相同的動作即可。

⑦ 製作好的酸奶需放入冰箱冷藏或冷凍保存。

發酵時間
　　酸奶發酵時可以幾個小時打開來看一次，拿木湯匙撈撈看牛奶，若呈煉奶狀就表示已經完成了！放較久的時間，水乳會明顯分離，如果你喜歡這種口感也是不錯的選擇。由於克菲爾菌是吃牛奶裡的乳糖維生，只要不斷餵菌種喝牛奶，它們就會一直生長。此外，金屬器具有可能會讓菌種死亡，盡量避免使用金屬製的湯匙或器具來製作酸奶。

Chapter IV

幼犬鮮食譜

狗最容易接受新食物的年齡為幼犬時期，
在這個階段盡早讓牠們嚐試不同種類的食物，
可以更輕鬆地維持一輩子的健康。
自製鮮食的營養比商業乾糧更均衡，
而且幫幼犬做鮮食沒什麼好害怕的，
因為大部份成犬的餵食規則，
在幼犬身上都是適用的。

仿母乳配方 · 好寶寶雞肉蛋捲

{幼犬吃什麼好}

在狗的幼年時期就幫牠負起健康責任，成效在未來是可以看見的。無論牠是剛出生 12 個小時或幾個月大的幼犬，大部份的成犬餵食規則，在幼犬身上都是適用的。

跟著幼犬一起探索新鮮食材會是很有趣的事情，這也是讓牠們接受新食材的好時機。成犬常挑食的蔬菜，像是花椰菜、甜椒、深綠葉蔬菜等，都是給幼犬嚐試的好選擇。例如在狗約兩個月大時，就給牠嚐試生的紅蘿蔔，牠們會愛上紅蘿蔔，習慣接受這個健康的生鮮零食，而且願意享用一輩子，但如果已經是一歲多的成犬，因對食物已經有既定認知，大多時候牠們未必能接受生的紅蘿蔔。

幫幼犬準備鮮食餐點時，保持餐點的簡單是基本準則。新鮮瘦絞肉搭配雞蛋，無糖全脂優格，少許內臟和魚油，就能滿足幼犬所需的營養，偶爾可以加入一小把蔬菜和穀類，但是不能挑選油脂豐富的食材，例如動物皮膚（雞皮）、肥肉或是加入過多的內臟。此外，也要避免給幼犬吃低溫、冷藏過後的食物，記得要加熱放涼後才能給牠們吃。

在餵食的過程中，需要觀察何種食材搭配和比例是能讓幼犬正常排便，也符合牠的口味。因為改變幼犬的飲食餐點，大多會碰上拉肚子的風險。不過，換食的拉肚子是很平常的事，通常不用過分擔心。在牠吃完飯時，可以給一根生骨頭讓牠啃咬舒緩心情，也能順便清潔牙齒及補充鈣質，若沒生骨頭，可以添加一點鈣粉。

{幼犬腹瀉和嘔吐的補救措施}

幼犬拉肚子和嘔吐有很多原因，若情況過於頻繁，要帶去給獸醫診斷。如果獸醫檢查過後沒有大礙，可以利用下面兩種方式舒緩不適。

| 腹瀉補救措施 |

吃太多是腹瀉的最常見原因。南瓜泥可以幫助狗正常排便，15 公斤以下給予 1 茶匙的南瓜泥。

| 舒緩嘔吐的食材 |

高麗菜是胃的最佳良藥。熬煮高麗菜約 15 到 20 分鐘，放涼後搗成泥，體重每 5 公斤需要 1 茶匙的高麗菜泥。

仿母乳配方（一個月內的幼犬）
Formula milk

山羊奶 2 杯

蛋黃 2 顆

含有 EPA 的魚油膠囊 2 粒
（1000 毫克）

天然益生菌粉 1/2 茶匙

無糖全脂優格 4 至 6 湯匙

　　對小於一個月的幼犬來說，因為消化系統尚未發展完成，無法吸收母奶以外的食物，最好的食物就是狗媽媽的母奶，狗母奶所提供的營養比例和份量都是最剛好。不過，如果你的小狗沒有狗母奶，可以參左邊最接近狗母奶的仿母乳配方。

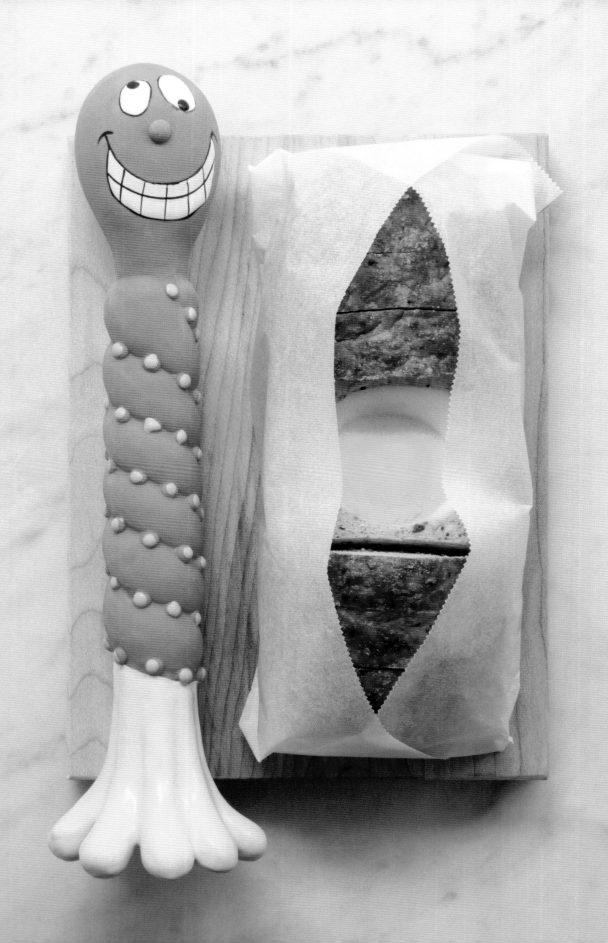

好寶寶雞肉蛋捲
Sweet-Pups Chicken Roll

熱量
800 卡

雞肉 500 克

寵物用海藻粉 1 茶匙
（或人食用的乾燥海帶）

雞肝 50 克

雞蛋 2 顆

紅蘿蔔 60 克

甜椒 60 克

花椰菜 95 克

橄欖油 2 茶匙

無糖全脂優格 適量

魚油 適量

鈣粉 適量

① 鍋裡加水煮至沸騰後，放入雞蛋滾約 5 分鐘，再把雞蛋撈起放涼去殼備用。

② 雞胸肉、雞肝、番茄、甜椒、花椰菜、橄欖油和海藻粉（或乾燥海帶）一起放入調理機打成泥狀。

③ 把打好的雞肉泥分成兩等份，每份約 250 克。

④ 烤箱以 180 度預熱 10 分鐘。

⑤ 烤盤塗抹適量的橄欖油，或使用市售噴式橄欖油。

⑥ 雙手可先沾水將雞肉泥平鋪（長約 20 公分、寬約 7 公分）在烤盤上，放上 2 顆水煮蛋（間隔約 1 至 2 公分），再把另一半的雞肉泥平均鋪蓋在水煮蛋上面，按壓成長條狀。

⑦ 放入烤箱以 170 度烤約 20 分鐘。

⑧ 淋上適量魚油、無糖全脂優格和鈣粉即完成。（若幼犬平日有咬生骨的習慣，不用再灑上鈣粉）

Chapter V

成犬鮮食譜

對於正值年輕氣盛的狗來說，
每天吃下肚子的食物也是牠們認識世界的其中一種方法，
除了維持基本營養外，
我們可以透過不同食材的香氣和口感，
開啟牠們對世界的想像力。

鮭魚堅果歡樂派 · 主人的羅宋湯 · 小魚煎餅 · 椰香南瓜球 · 綠碗豆牛肉湯
紅蘿蔔羊栖菜泥 · 隱形烘蛋 · 綠肚甜豆泥 · 松露可樂餅 · 搖尾巴溫沙拉

{成犬吃什麼好}

大部份的狗在八個月左右差不多就已經定型了，成犬在這個時期，除了體型變大以外，臉也會跟著拉長，有些狗的耳朵會立起來，和幼犬時期的小肉球完全不同。成犬一歲換算成人類的年齡已是十七歲的青少年，在這段時間維持固定的生活習慣是非常重要的。

狗是非常依賴時間表的動物，幾點散步、幾點該做什麼、星期幾會去哪裡，只要是固定時間會做的，牠們都非常清楚，甚至有的狗狗可以記住一整個星期的時間表。而狗的用餐時間，第一餐可以控制在中午十二點前讓牠們吃完，第二餐則是在傍晚六點過後，時間上是有彈性空間的，但不能很不固定甚至拖到半夜才吃飯，這樣容易產生行為問題。

成犬若無其它的身體病痛，基本上是很好照顧生活起居的。在幫牠們準備餐點前，只需謹記可以吃的、有風險的和不能吃的食材即可，若覺得太多記不起來，可以抄下來貼在廚房，當成最後的安全防線。對成犬來說，餐點比例才是最重要的，一餐肉類佔 70%，二到三種蔬果或穀類佔 30%。若狗的活動量很大，牠的餐點中就會需要更多的肉類（優質蛋白質），而蔬果、穀類（碳水化合物）的比例就得低一些，記得經常更換不同的肉類降低過敏風險。

如果成犬不是從小養起或從來沒有吃過鮮食，牠們因為對食

物已經有既定印象或自己的喜好，遇上不吃蔬菜時可以善用調理機將蔬菜打碎混到肉裡面，利用肉香或油香引誘牠們進食。最後，如果你家的狗是吃全鮮食，記得要加入適量的魚油和鈣粉兩種營養品維持營養的均衡。

　　持續不斷地探索世界，是成犬現階段最需要也是最期盼的日常活動，這和餐點的內容同樣重要。若時間允許或家裡有人可以相互輪替，建議成犬一天可以帶牠們散步二至三次，這除了可以讓牠們的精力有地方發洩外，你也會發現牠減少在家裡作亂的次數。外出上班時，可以藏點零食在家裡的任何地方，讓牠們動動小腦袋，避免長時間在家等候過於無聊。

鮭魚堅果歡樂派
Happy-Day Salmon Pie

熱量
2400 卡

▎ 餡料

a｜巴西堅果 6 顆

b｜鮭魚 500 克

　　馬鈴薯 350 克

　　紅蘿蔔 100 克

　　綠花椰菜 100 克

　　低鹽橄欖油漬沙丁魚罐頭 1 罐

▎ 派皮

c｜低筋麵粉 3 杯

　　有機椰絲 10 克

　　肉桂粉 1/4 茶匙

d｜雞蛋 1 顆

　　高湯 3/4 杯

　　橄欖油 15 毫升

｜餡料做法｜

a 平底鍋加熱後放入巴西堅果邊加熱邊滾動，一分鐘後關火，等巴西堅果恢復常溫搗碎備用。b 先將鮭魚切丁（魚刺要拔乾淨）。馬鈴薯洗淨去除眼洞後用調理機打碎，再放入紅蘿蔔、綠花椰菜一起打碎，與鮭魚丁均勻混合。

｜派皮做法｜

c 麵粉過篩加入有機椰絲和少許肉桂粉。d 雞蛋、橄欖油和高湯攪拌混合。把 c 分次加入 d 中拌勻後取出揉成麵團，再用保鮮膜包起來放在冰箱冷藏半小時。

① 烤箱以 170 度預熱。使用深度約 2.5 公分的烤盤，塗抹適量的橄欖油。

② 取出派皮麵團桿平至厚度約 0.1 公分，鋪在烤盤上，派皮需多出烤盤每邊約 4 公分，稍微修剪邊緣，再用叉子壓上花紋。

③ 將餡料平鋪在派皮上，放入烤箱烤 10 分鐘後，取出加入打碎的花椰菜（容易烤焦最後才放）和瀝過油的沙丁魚罐頭再烤 5 分鐘，最後灑上巴西堅果即可。

主人的羅宋湯
Master's Borscht

熱量
650 卡

牛腿肉 450 克

紅蘿蔔 50 克

牛蕃茄 2 顆

雞豌豆 30 克

花椰菜 50 克

冬天能補氣取暖，但因含有番茄，不適合患有關節炎的狗；10 公斤以下的狗，可以把料撈出來打碎一遍；給樂齡犬吃，紅蘿蔔的量需減半。

① 牛肉去除白色脂肪後切塊；紅蘿蔔與綠花椰菜切小丁；番茄挖籽用調理機打成泥狀後備用。

② 鍋子裝水煮滾後，放入花椰菜、紅蘿蔔及豌豆；第二次水滾後，再放入入牛肉塊和番茄泥，牛肉熟後立即關火。

③ 放涼再淋上魚油即可。

小魚煎餅
Baked Kiss Fish Bite

熱量
400 卡

a｜馬鈴薯 200 克
b｜吻仔魚 200 克
c｜秋葵 4 根
　　雞肝 80 克
　　雞蛋 1 顆

這道料理含有豐富的鈣質不需另外加入鈣粉；若是給樂齡犬，可以用芋頭代替高升糖指數的馬鈴薯。

① a 馬鈴薯去皮蒸熟後搗成泥狀；b 吻仔魚洗淨後放入大碗裡；c 秋葵切小塊連同雞肝、雞蛋用調理機打成泥狀。再將 a、b、c 加在一起均勻混合好。

② 烤箱以 170 度預熱。

③ 在烤盤上舖上烘焙紙或不沾布，手抓一球固定量放在烤盤上自然會形成圓餅狀。為避免濕氣讓煎餅不夠酥脆，每個煎餅間隔約 3 公分，擺好後進烤箱約烤 10 分鐘即可出爐。

椰香南瓜球
My Little Pumpkin Meatball

熱量
650 卡

乾燥高野豆腐 40 克
南瓜 220 克
雞胸肉 500 克
乾燥香菇 8 克
雞蛋 1 顆
椰子油 1/2 湯匙

乾燥高野豆腐含鈣是製作鮮食的健康食材，也可以磨成粉當營養品。不過，生病中的狗不適合吃由黃豆製成的豆腐，可以選擇不加入豆腐。

① 高野豆腐和乾燥香菇分別用水泡軟。

② 高野豆腐、雞胸肉、雞蛋、香菇、椰子油和南瓜一起放入調理機打成泥狀。

③ 烤箱以 180 度預熱。

④ 在烤盤上塗抹適量的橄欖油，將肉泥用手捏成球狀後依序擺好，進烤箱烤 10 至 15 分鐘即可出爐。

綠碗豆牛肉湯
Mutt-Have Green Pea Soup

熱量
700 卡

牛菲力 380 克
番茄 1 顆
花椰菜 60 克
南瓜 70 克
綠豌豆 90 克
無糖全脂優格 150 克
大蒜粉（依體重適量給予）

① 牛菲力去除白色脂肪切丁；番茄、南瓜、花椰菜切丁。

② 鍋子加煮沸後放入南瓜和綠豌豆；第二次水滾再放入牛菲力，在煮牛肉的同時，撈起浮在上層的肉渣，牛肉半熟後放入花椰菜和番茄，煮熟立刻關火，灑上適量的大蒜粉。

③ 放涼，淋上無糖全脂優格和魚油即可。

紅蘿蔔羊栖菜泥
Carrot Seaweed Paste

熱量
80 卡

乾燥羊栖菜 20 克
紅蘿蔔 60 克
紅甜椒 60 克
橄欖油 1/2 茶匙
大蒜粉（依體重適量給予）

羊栖菜的鈣含量為海洋蔬菜之冠，有碘、纖維、蛋白質、藻酸鈉、維生素及其他微量礦物質等，可幫助狗對抗骨質疏鬆和其它骨骼疾病。這道菜泥為餐點小菜，可以先做好一罐，要吃的時候再加入些許。

① 羊栖菜泡水後備用。

② 紅蘿蔔洗淨去皮切大塊，紅甜椒去籽切塊，一起放入電鍋蒸熟。

③ 紅蘿蔔、紅甜椒、羊栖菜和橄欖油用調理機打碎混合，再灑上大蒜粉和魚油即可。

隱形烘蛋
Invisible Pan-Fried Egg

熱量
650 卡

乾燥黑木耳 15 克
金針菇 50 克
青椒 半個
雞絞肉 100 克
雞蛋 6 顆
葵花油 適量

通常軟軟黏黏的食材是狗不喜歡的口感，如黑木耳、金針菇、秋葵、山藥、番茄等。可以利用調理機打碎後加入打好的蛋液，做成香噴噴的烘蛋。

① 乾燥黑木耳用調理機打成細小顆粒後，放入碗中泡水。（新鮮黑木耳可以直接打碎不用泡水）

② 金針菇和青椒放入調理機打碎後，再與雞絞肉、黑木耳、蛋液一起均勻混合。

③ 平底鍋預熱約 20 秒，倒入適量的葵花油讓油平均佈滿整個鍋面約 30 秒後，倒入黑木耳雞蛋液，先將一面煎熟後再翻至背面煎熟即可。

綠肚甜豆泥
Green Tripe With Dog Pesto

熱量
400 卡

牛肚 350 克
甜豆夾 80 克
南瓜 100 克
薑片 少許

10 公斤以上的狗，建議牛肚切丁保留口感。

① 鍋子加水至一半，放入薑片煮沸後，放入牛肚；第二次水滾後再放入南瓜、甜豆夾煮熟。

② 撈出鍋裡的料，挑出薑片，料用調理機打碎即可。

松露可樂餅
Truffle Yappetizers

熱量
450 卡

馬鈴薯 200 克
紅蘿蔔 50 克
甜椒 50 克
雞絞肉 300 克
雞蛋 2 顆
麵粉 1/3 杯
松露片 6 片
橄欖油 1/2 湯匙

① 馬鈴薯洗淨去除眼洞，放入電鍋蒸熟或用滾水煮熟後放涼。

② 紅蘿蔔去皮與甜椒先用調理機打碎，再加入馬鈴薯一起打成泥狀。

③ 雞絞肉、蛋液、松露片與馬鈴薯泥均勻混合後，邊篩入麵粉邊攪拌均勻。

④ 烤箱以 170 度預熱。

⑤ 在烤盤上塗抹橄欖油，餡料倒入蛋糕烤模內約 4/5 的高度，進烤箱烤約 15 分鐘即可。

搖尾巴溫沙拉
Wag The Dog Salad

熱量
350 卡

雞里肌肉 450 克
甜椒 60 克
南瓜 120 克
當季綠葉蔬菜 100 克（可隨選）

① 雞里肌肉放入電鍋蒸熟後，取出放涼，撥絲。

② 甜椒和南瓜洗淨去籽切丁，與當季綠葉蔬菜放入電鍋蒸熟後，再用調理機一起打碎。

③ 將蔬菜泥與雞絲拌勻即可。

Chapter VI

樂齡犬鮮食譜

狗不知道自己年紀的大小，
因此能活在當下找尋快樂。
我們有責任維持樂齡犬的身體健康，
並照料牠們的心理狀態，
確保牠們的老年生活品質是舒適且愉快的。

傳統苦瓜鑲肉 · 招牌雞肉球 · 瘋狂狗鹿肉派 · 暖鼻子雞佛湯
薑黃雞肉冬粉湯 · 鱈魚優格

{年紀大了吃什麼好}

　　我的一隻西高地梗犬 Vanilla 在十一歲時因逐漸失去視力經常感到焦慮；在十五歲時出現癲癇的症狀；在十八歲時離開我，在牠最後幾年的生命裡都是失智狀態。以前我們喜歡玩捉迷藏，牠總能不花力氣一下子就發現我躲在哪裡，但帶著老年的牠去公園散步，只要離開兩步的距離，牠會因為看不見或聞不到我的氣味，緊張到一邊打轉一邊找我。牠因心臟病無法洗牙，每天面對牠一口發炎的牙齒，我卻無法替牠做些什麼深感無力，只能盡力幫牠刷牙……時間在牠的身上留下老化的痕跡看似無情，可我卻從牠身上學到很多老狗的日常照護。

　　樂齡犬在飲食方面要維持低脂、低鈉、低鉀，以及攝取優質蛋白質，好的蛋白質可以維持老狗的肌肉強度，也不會給腎臟帶來太多負擔。或許你曾聽過老狗無法消化太多的蛋白質，亦或是最好讓牠們吃低脂、高纖的食物。千萬不要吝嗇給予具有良好品質的動物性蛋白質，如雞、羊、牛、魚肉和蛋奶類等食材，因為蛋白質始終是維持健康的重要關鍵。牠們該減少的是碳水化合物和高升糖的食材，像是所有的穀類、南瓜或馬鈴薯……等。

　　步入老年的狗因器官功能逐漸老化，牠們若再花上數十小時去消化分解煮過頭的肉類，又得不到好的蛋白質，會是很大的身體負擔。牠們隨年紀增長容易流失水分，因此比一般成犬更需時常補水。不過，喝多尿多也是老化的症頭，有些狗會有尿失禁的問題，而母狗又比公狗更容易尿失禁。選擇合適的保健營養品也是重要課題，年紀大的狗需要補充含有 EPA 的魚油，魚油有助於維持認知功能，保護肝臟和腎臟，皮膚和毛髮的健康光澤；而增強免疫力的營養品，則能維持器官和神經系統的正常。

樂齡犬的活動力低會不想運動,但這不代表讓牠們一直睡是好的。如果你的狗已經老到不想散步或臥病在床,可以幫牠按摩舒緩。狗非常喜歡被按摩與抓癢,如果身體有病痛,適當的按摩能幫助牠們減緩疼痛。

　　我們常以為狗跟著我們這麼久的時間,彼此應該都很了解,有時會忘了給予該有的關注與獎勵。但即使年紀再大,牠們還是想聽到主人的讚美,需要被關心及想要動動腦。可以利用益智玩具讓牠們活動筋骨及腦力,就像老人愛打麻將一樣。每天帶牠去牠喜歡的地方散散步,或做牠喜歡做的事,就是最棒的生活。

傳統苦瓜鑲肉
Bitter Gourd With Pork

熱量
650 卡

苦瓜 2 個（小的）
瘦豬絞肉 280 克
板豆腐 60 克
生蛋黃 2 顆
番茄 1 顆

如果狗排斥苦瓜，可以把苦瓜打成泥與
豬肉混合做成圓餅，再用電鍋蒸熟。選
擇豆腐時，不同的豆腐有不同的熱量，
例如每 10 公克的油豆腐熱量為 15 卡、
凍豆腐 55 卡、傳統豆腐 7 卡。

① 切除苦瓜的頭尾兩端挖籽後，切成厚度約 0.5 公分的薄片（內
部較硬的一圈可用刀子稍為刮除）。

② 番茄切小丁、豆腐用手捏碎後，再與生蛋黃、豬絞肉、橄欖
油一起混合均勻。

③ 將餡料塞入苦瓜片中蒸熟即可。

招牌雞肉球
Barking Chicken Meatball

熱量
650 卡

雞胸肉 610 克
苜蓿芽 30 克
雞蛋 1 顆
紅甜椒 60 克
南瓜 150 克
黑芝麻 1 茶匙
葡萄籽油 1 茶匙

如果狗吃飯太快，建議把肉球切碎，避
免一口吞下肉球，沒有充分咀嚼消化不
良或卡在喉嚨。

① 雞胸肉去除白色脂肪後用調理機絞成泥狀。

② 苜蓿芽切成長度約 0.5 公分，紅甜椒和南瓜切小丁。

③ 雞肉泥、紅甜椒、苜蓿芽、南瓜、黑芝麻與蛋液均勻混合
後揉成球狀。

④ 烤箱以 180 度預熱 10 分鐘。

⑤ 放入雞肉球烤 20 分鐘即可出爐。

瘋狂狗鹿肉派
Crazy-Dog Venison Loaf

熱量
600 卡

鹿絞肉 700 克

番茄 3 顆

南瓜 230 克

當季綠葉蔬菜 150 克

狗通常會把最愛的大肉塊叼到沙發享用，
建議切碎，避免吃完像災難現場。

① 南瓜、當季綠葉蔬菜、番茄分別用調理機打碎，再用料理布把番茄泥的水份吸乾。

② 烤箱先以 180 度預熱，將鹿絞肉平均分成兩等份。

③ 在長形蛋糕烤模中塗好橄欖油後，於最底層先鋪上一層鹿絞肉至 1/3 的高度，依個人喜好順序分層鋪上番茄泥、南瓜和綠葉蔬菜，最後再把另一份鹿絞肉鋪滿整個烤模。

④ 放入烤箱烤約 25 分鐘即可。

⑤ 放涼後，切塊分裝冷凍，要吃再拿出來加熱。（若怕中間的蔬菜泥會灑出來，也可以放涼先冷凍再切塊）

暖鼻子雞拂湯
Warm-Nose Soup

熱量
1200 卡

雞拂 15 個

雞胸肉 300 克

紅棗 6 顆

枸杞 30 克

有機薑粉 1/4 茶匙

可以把雞拂撈起當成獎勵零食；湯品過濾後放入冰塊盒冷凍變成雞拂高湯塊。這道湯品一年四季都可以給狗食用，特別是入秋後可以幫助補充水分。

① 紅棗洗淨後剪開 (約四刀)，雞胸肉切丁。

② 鍋子加水煮滾後，放入紅棗、雞拂、枸杞和雞丁；第二次水滾後轉中火，熟透立即關火。

② 灑上有機薑粉或薑黃粉，放涼後，把紅棗取出即可享用。

鱈魚優格
Good-Morning Cod Yogurt

鱈魚 300 克

乾燥黑木耳 10 克

紅甜椒 50 克

花椰菜 70 克

無糖全脂優格 100 克

① 乾燥黑木耳用調理機打成細顆粒後，放入碗中泡水。

② 紅甜椒、花椰菜切大丁與鱈魚一起放入電鍋，大概蒸 3 分鐘，先把紅甜椒和花椰菜取出避免營養流失；鱈魚繼續放著蒸熟後，拔除魚刺。

③ 紅甜椒和花椰菜用調理機打碎後，與鱈魚均勻混合，放涼再淋上無糖全脂優格即可。

薑黃雞肉冬粉湯
Yellow Poodle's Noodle

雞肉 430 克

乾香菇 10 克

冬粉 40 克

紅甜椒 60 克

馬鈴薯 1 顆

紅蘿蔔 1 根

西洋芹 1 根

有機薑黃粉 1 茶匙

馬鈴薯和紅蘿蔔可以打成蔬菜泥放入冰塊盒進冰廂冷凍，要吃時再拿出加熱，保存期限為一個月。

① 乾香菇泡水，西洋芹切段，馬鈴薯、紅蘿蔔去皮切塊。

② 鍋子裝水煮滾後，放入①全部食材煮成高湯，煮湯的同時，將紅甜椒去籽切丁。

③ 撈出鍋內食材後，把湯再煮滾一次，接著放入雞肉，待雞肉半熟後放入紅甜椒丁，熟透立即熄火，灑入有機薑黃粉。

④ 用另一個小鍋把冬粉煮熟後，放入高湯鍋內靜置約 5 分鐘吸收湯汁即完成。

Chapter VII

減重犬鮮食譜

狗覺得全世界最好吃的食物就是你手裡那一盤！
當我們在享受美食時，
狗總會坐在你面前發痴痴地望著你。
給予食物常在寵愛中失去分寸，
胖胖圓圓不是好可愛，
這在無形中增加了健康的負擔。

豆漿豬肉丸湯．蘋果醋沙拉．愛的狗雜碎
死黨雞胸肉．豆奶蛋捲．夏季冷湯

{減重吃什麼好}

狗如果已經胖到看不見腰身，那就是個警訊，過胖會導致許多疾病找上身，例如因為體重過重，關節因負荷不了身體的重量出現問題等，通常讓體重直線上升的主要原因為攝取過多高熱量食物或運動量不足。

不少人誤以為減肥就是少吃肉，增加蔬菜和穀類的比例，這樣等於少了狗最重要的動物性蛋白質！無論是人類還是狗想要減重，都需靠著減少食量、吃對的食物和增加運動量，彼此相互搭配才能成功。減肥中的狗應持續給予不同的肉類食材，只要減少餐點的份量，去除食材上過多的脂肪，就能讓牠吃得營養又不胖。

吃對食物是減肥的重要關鍵，減重犬需要低脂高熱量的肉類，既能降低脂肪的攝取又能維持身體所需的活力，例如水煮雞胸肉、駝鳥肉、低脂牛奶和起司，這些食材含有豐富的蛋白質，脂肪也不會過多。不過，維持身體所需的營養，並不能只靠單一食材。雖說雞胸肉是減肥聖品，但連續好幾個月只吃雞胸肉，可是會造成營養失衡，還是能適當少量給予油脂含量較高的牛肉、羊肉、內臟或高升糖指數的地瓜、紅蘿蔔和蘋果等。

在寵物店工作時，曾聽過狗沒有吃零食就不願意去睡覺的案例，這其實是主人給的不良習慣。零食也是讓狗發胖的隱形殺手，但若真的很想每天都給零食，記得零食的量不能超過正餐的 10% 至 15%，或是可以用削皮的生紅蘿蔔條、生高麗菜取代零食。此外，狗在家啃玩具或耐咬零食也不等於運動，這多半只是讓牠藉由啃咬減壓，並沒有運動的功能。

狗有非常多的運動選擇，在國外還有狗運動會，像是臘腸犬賽車輪、椅狗拉雪橇、游泳音樂自由式、滑雪比賽和服從拉力賽等。建議針對狗的個性、活動量下去選擇適合牠們的運動，散步、爬山、游泳和露營，都能適當消耗狗的精力。不過，任何運動都比不上每天出門散步，依據狗的活動量，控制好時間與設計每日不同的散步路線，良好的散步品質能減緩牠們的生活壓力，同時又能讓身體有足夠的活動量，而散步也是認識世界的最好選擇。

　　如果牠不喜歡運動也不愛散步，既沒有一同玩耍的狗朋友，還關節發炎疼痛，唯一的嗜好就是吃東西，那還有最後一招可以試試。把餐點分成十等份，放在家裡不同的地方，讓牠用鼻子去尋寶，邊找邊吃邊運動，用最柔軟的方式強迫胖狗狗運動。最後，狗能否成功減重還是要靠主人改變習慣來幫助牠們哦！

豆漿豬肉丸湯
Soymilk Meatball Soup

熱量
660 卡

豬絞肉 300 克
綠豌豆 40 克
乾燥薏仁 40 克
新鮮香菇 1 朵
豆漿 350 cc

① 豬絞肉加一小匙的水均勻混合，用雙手把豬絞肉舉至胸口的高度，再將肉團摔到碗裡，這樣的動作反覆約 8 次，可增加豬絞肉的彈性。

② 用電子秤將豬絞肉分成一球約 15、30 或 50 克的小肉球（依狗的體型決定適合的克數），排放在平盤上。

③ 香菇去莖切碎下鍋快炒約 5 分鐘，再倒 200cc 的水。

④ 水滾後放入薏仁煮至半熟，再加入豬肉丸和綠豌豆，在全部食材都快要熟的時候，再倒入豆漿即可。

蘋果醋沙拉
Hearty Apple Salad

熱量
80 卡

紅蘿蔔 50 克
小黃瓜 1 條
紅蘋果 1 顆
白醋 1 滴
水 1 湯匙

小黃瓜和紅蘿蔔的酵素會破壞維生素 C，加入蘋果醋可以增加維生素 C 的吸收。市售的蘋果醋酸味太重，自製蘋果泥加醋，能釋放蘋果香氣和淡化醋的酸味。蘋果易氧化，要吃之前再磨成泥，這道菜非常適合炎熱的夏季食用，可以增進食慾。10 公斤以下的狗，蔬果可用調理機打碎。

① 紅蘿蔔、小黃瓜切小丁。

② 蘋果去皮磨成泥再滴 1 滴醋，放入紅蘿蔔及小黃瓜丁均勻拌好即可。

死黨雞胸肉
Paw's Pal Chicken Meal

熱量
300 卡

雞胸肉（或雞里肌肉）350 克
蘆筍 50 克
山藥 70 克

雞胸肉先切再蒸，會失去較多的肉汁，
建議先蒸熟再依狗的體型，切成合適的
口感尺寸。

① 將蘆筍表面削皮，與雞胸肉、山藥一起放入電鍋蒸熟。

② 取出雞胸肉切丁，蘆筍和山藥切成細碎狀，與雞肉丁混合即可。

愛的狗雜碎
Lovely Dog Giblet

熱量
600 卡

綠櫛瓜 70 克
紅蘿蔔 50 克
小番茄 80 克
牛蒡 40 克
牛肉 300 克
雞肝 70 克
雞胗 180 克
吉利丁 適量

可以任意變換根莖類蔬菜、肉和內臟
類，只要注意肉類和蔬菜的比例為 3:1。
肝臟雖含豐富的維他命 A，但比起其它
內臟是比較油的，不能放太多。10 公斤
以下或不喜歡吃蔬菜的狗，可以先打成
蔬菜泥，再加進融化的吉利丁水。

① 將綠櫛瓜、紅蘿蔔、小番茄、牛蒡、牛肉、雞肝和雞胗，一起水煮或電鍋蒸熟後切丁，分別放入不同的碗中。

② 鍋子裝水，水滾後轉小火，再放入吉利丁，水與吉利丁的比例為 20:1，用勺子邊煮邊攪拌直到吉利丁完全融於水中。

③ 準備數個耐熱的小模子倒入煮好的吉利丁水至一半的高度，再放入肉類、內臟及蔬菜等備料（肉及蔬菜的比例為 3:1），放涼呈果凍狀即可。

夏季冷湯
Summer Cold Soup

熱量
200 卡

番茄 1 顆

小黃瓜 1 條

無糖全脂優格 100 克

豆漿 1 杯

魚油 適量

大蒜粉 適量

這道菜適合食慾不好、夏天中暑或白天吃太多的狗食用，但因為裡面不含動物性蛋白質，不可長期作為正餐。

① 番茄和小黃瓜切大塊，連同優格、豆漿、大蒜粉一起倒入果汁機中攪拌後，放入冰箱保存。

② 食用前要先退冰至常溫，再淋上適量的魚油拌勻即可。

豆奶蛋捲
Sit-down Soymilk Egg Roll

熱量
780 卡

▌ 餡料

雞胸肉 200 克

馬鈴薯 400 克

紅蘿蔔 40 克

花椰菜 40 克

黃甜椒 40 克

▌ 蛋捲皮

雞蛋 1 顆

蜂蜜 1/4 茶匙

橄欖油 1 湯匙

豆奶半杯

麵粉 3/4 杯

肉桂粉 些許

① 雞胸肉切塊，甜椒、花椰菜和紅蘿蔔切丁，馬鈴薯洗淨去皮。

② 鍋子裝水煮滾後，放入馬鈴薯，等馬鈴薯熟了之後撈起來，再放蔬菜丁和雞肉丁，煮熟後撈起。

③ 蔬菜丁和馬鈴薯用調理機打成泥後，再與雞肉丁均勻混合，裝進擠花袋。

④ 雞蛋、橄欖油和蜂蜜先放入碗中攪拌後，倒入豆奶拌勻。

⑤ 肉桂粉與麵粉混合拌勻，用麵粉篩過濾到雞蛋豆奶裡面攪拌均勻。

⑥ 平底鍋先預熱半分鐘，倒入適量的橄欖油或葵花油潤鍋半分鐘，再倒入麵粉糊煎至兩面全熟後，在蛋捲皮的兩端先淋上少許生麵粉糊，接著用長木筷將蛋皮捲起，並於黏合處稍微加熱固定形狀。

⑦ 把將擠花袋內的餡料輕輕擠入蛋捲皮內，用刮刀把兩端多出的來馬鈴薯泥刮平即可。

Chapter VIII

跟著主人的腳步
一起過生活

對狗來說，
能跟隨主人的腳步一同生活是最幸福的事，
即便是每次十分鐘的兜風時間，
都是難忘的小旅行。
如果你們有露營或遠遊的計劃，
沿途的風景和氣味將會是牠們一生最快樂的回憶。
其實不需增加行李重量，
狗的旅行餐點，
在路途中也能輕鬆解決哦！

北非小米即時旅行餐 · 草原飛奔奶酥派 · 茅草甜菜根蝴蝶餅 · 法國深吻水球

{旅途中也能吃得好}

　　狗若以全鮮食為主，建議不要因旅行貪圖方便改餵飼料；但也不用因為需要準備鮮食得多帶一大包，或擔心營養失衡的問題而有壓力。可以選購狗吃的全天然乾燥鮮食和蔬菜丁，或人吃的罐頭食品，例如低鹽沙丁魚罐頭、嬰兒副食品的南瓜泥罐和蔬菜泥罐、水煮雞蛋、無糖優格和無鹽茅屋起司等，這些食品在沿途的超市或賣場都能找到。只要瀝掉沙丁魚罐頭裡面的油，泡熱水十分鐘去除鹽分，再加上一點蔬菜泥，就是簡單又能維持營養的一餐。外出前，可以先準備好夾鏈袋、塑膠保鮮盒和保冷劑等產品，保存食物。

{外出旅行的舒壓小物}

　　每隻狗的個性都不同，牠們也有自己的情緒，並非所有的狗都喜歡外出認識新事物。有些狗對於「出門」會有壓力，躲在你腳邊不肯離開或老是想往回跑，甚至因為沒有安全感過於緊張，導致不想進食，平日簡單的吃飯可能會變成一件棘手的事。如果

狗對外在環境較為敏感，可以帶上平日所使用的餐碗及水碗；而用餐時間和次數，也盡量維持與平日在家一樣。雖然只是小動作，但因為熟悉，可以讓牠有安全感願意進食，減緩對外在環境的不適應。如果牠對陌生的環境仍太過敏感，例如尾巴下垂、神情緊張等，以下幾種小物或許可以派上用場。

| 急救花精 |

狗壓力過大時，可以在牠的嘴裡滴上幾滴急救花精，具有鎮定情緒、舒解壓力的功效。

| 薰衣草精油 |

在晚上睡覺的時侯，可以滴幾滴薰衣草精油至基礎按摩油中，然後滴在狗的肚子上，幫牠按摩放鬆情緒，讓牠在陌生的地方也能熟睡有好夢。

| 萬用草本藥膏 |

在遊玩時，可能會曬傷、割傷或不小心被蟲蟲咬到，萬用草本藥膏可以降低狗的疼痛與不適。

{ 狗 愛 植 物 }

　　狗有一件神奇的事情，是主人望塵莫及的，這個本能還讓希臘藥神（Asclepius）宣告他最欣賞的動物就是狗。狗的老祖先會使用植物來預防和治癒自己，還能補充在同類競爭生活中所需要的滋養，甚至清潔腸胃和排出體內蟲隻，而吃草的首選植物就是茅草（Couch Grass），所以茅草的植物名為 Agropyron Canine，「Canine」是英文「犬的」意思。牠們會同時吃下根部，吃完後再把茅草連同白色泡沫一起吐出來，或吐出黃色的膽汁，亦或是排泄出來。

　　當狗在路邊散步，咬咬路邊的茅草時，請給牠多一些時間享用。如果狗吃不到茅草，也會去吃其它的植物，這些植物雖然沒有茅草受歡迎，但是牠們也樂於享用。野麥（Wild Oaks）是第二選擇，另外還有蒲公英（Dandelion）、檸檬草（Lemon Grass）、延胡索（Fumitory）、木質鼠尾草（Wood Sage）、茴香（Fennel）、芥末（Mustard）的葉子和花、草莓及琉璃苣等，都是狗的吃草清單。下次帶狗到郊外或山上散步時，注意一下牠們在吃什麼植物，可以順手帶回當成獎勵和驚喜給牠享用。

北非小米即食旅行餐
Cous Cous Way To Go

熱量
450 卡

乾燥北非小米 60 克

任何蔬菜泥或乾燥蔬菜丁 60 克

任何肉類或沙丁魚罐 150 克

堅果粉 15 克

熱水 120cc

北非小米的升糖指數和米飯一樣高，若你的狗不適合吃太多的高升糖食材要特別注意。

① 北非小米只要加入 100 度的熱水泡 3 分鐘，放涼後就可以食用。

② 把你可以買到的材料跟北非小米拌一拌即可。.

草原飛奔奶酥派
Barking Party Pie

熱量
650 卡

羊絞肉 360 克

紅蘿蔔 50 克

豌豆芽 30 克

馬鈴薯 150 克

狗最愛的乾燥植物粉 1 茶匙

生蛋黃 2 顆

① 把乾燥植物放入研磨碗中磨成粉。

② 馬鈴薯洗淨去皮用電鍋蒸熟後搗成泥狀,再加入乾燥植物粉和蛋黃液攪拌均勻。

③ 烤箱以 170 度預熱。

④ 紅蘿蔔去皮洗淨和豌豆芽一起放入調理機打碎。

⑤ 羊絞肉加入 1 湯匙的水,與紅蘿蔔和豌豆芽均勻混合,將羊絞肉團舉至胸口的高度摔到碗裡,反覆動作約 8 次,增加肉的彈性。

⑥ 羊絞肉團分成每 60 克一球放入蛋糕烤模中,進烤箱烤 10 至 12 分鐘後取出。

⑦ 用湯匙挖一球馬鈴薯泥淋在肉球的頂端,再進烤箱烤 5 分鐘即完成。

茅草甜菜根蝴蝶餅
Dog-Grass Beet Biscuit

熱量
1150 卡

甜菜根 15 克

雞胗 30 克（可任選內臟 1 種）

乾燥茅草 10 克

低筋麵粉 4 杯半

雞蛋 1 顆

橄欖油 30 毫升

高湯 180 毫升

① 乾燥茅草放入研磨碗中磨成粉。

② 先將麵粉篩過 1 次，再與乾燥茅草粉混合拌勻。

③ 甜菜根洗淨去皮切丁和雞胗一起放入調理機打成泥。

④ 雞蛋、橄欖油混合攪拌後，再加入甜菜根內臟泥繼續拌勻。

⑤ 倒入一半的高湯至甜菜根內臟泥中，均勻混合後，再將②
分三次倒入攪拌，接著倒入剩下的高湯，邊倒邊拌勻直到
麵團成型，沒有任何麵糊黏在碗裡。

⑥ 混合好的麵團用保鮮膜包好，進冰箱冷藏至少半小時，直
到麵團從濕潤變成有彈性。

⑦ 烤箱以 180 度預熱。

⑧ 取出冰好的麵團大概抓 50 克，用雙手搓揉至長條狀，捏成
蝴蝶結的樣式。

⑨ 在烤盤上鋪好烘焙紙，放上蝴蝶餅每個間隔 3 公分。

⑩ 進烤箱烘烤 20 分鐘後，再將烤盤取出水平轉 180 度，繼
續烤 10 分鐘至全熟即可。

I. 在重複製作長餅棍時，記得偶爾確
認麵團有用保鮮膜包好保濕。

II. 餅乾的間隔太近，濕氣揮發時，會
降低餅乾的脆度，影響口感。

III. 烤箱內的每個角落溫度不同，旋轉
烤盤可以讓餅乾均勻上色。

法國深吻水球
French-Kiss Licky water

熱量
45 卡

水 250cc

薄荷葉 2 片

嫩葉巴西里（歐芹）10 克

綠櫛瓜 30 克

若是長途旅行或坐飛機，可以把調理過的水放進水碗中一起冷凍，這樣能避免水濺出來。建議在飲用水中加入薄荷、嫩葉巴西里，還有綠櫛瓜，保持口氣清新，還能補充維他命 C。如果有狗派對，也是很好的招待飲品。

① 薄荷葉、嫩葉巴西里、綠櫛瓜放入調理機打碎，加進飲用水中。

② 將飲用水放入製冰盒或造型製冰模中，進冰廂冷凍即完成。

Chapter IX

手工自製零食

零食對狗總有莫名吸引力，
你一定有發現牠們光是聽到開塑膠袋的聲音，
就已瞬間移動至你腳邊乖乖坐好等著零食的降臨。
不過，目前市售的零食大多有來源標示不清的問題，
自己動手 DIY 做零食，讓狗吃得健康沒負擔。

葫蘆填充肉泥 · 海神餅乾 · 國王的沙丁魚小吐司 · 羊肉杯子吐司
蜂蜜水果酸奶 · 椰絲雞肉長棍餅

{零食什麼時候給最好}

　　零食會傳遞訊息給狗，告訴牠「你今天表現得真好」、「謝謝你」、「我很愛你」、「我在乎你」。不過，很多狗主人常抵擋不住牠們水汪汪的眼神攻勢，忘情地給零食，甚至有時還會多過於正餐，結果狗就越來越胖了。如何給零食？給多少？時間點？用對地方，都是非常重要的關鍵。以下為幾個給零食的好時機：

1. 當狗做到口令的「當下」馬上給予獎勵，不能遲疑，甚至等到 5 秒鐘後。給零食的同時，還需提高聲調說：「你好棒哦！」（類似娃娃音）這對狗來說，才是最淋漓盡致的禮物驚喜。

2. 當狗正在做你希望牠做的事，在當下給零食作為獎勵。假如狗狗非常活潑，在家總是跳上跳下讓你很困擾。可以試著找牠安靜趴著休息的時機點，立刻遞上零食，狗會覺得原來乖乖趴著不需做什麼，就能得到獎勵。這樣下次牠就會多做乖乖趴下的動作，等待降下的獎勵。

3. 外出一整天，沒人在家陪伴狗。若牠需要單獨在家一整天，那麼零食搭配益智遊戲，是動腦和減輕壓力的好幫手。假如有分離焦慮，也可以利用零食組合而成的益智遊戲來幫助牠。

4. 狗鼻子尋寶遊戲。狗最喜歡的遊戲並不是玩接球，而是用鼻子搜牠們心中認可的小寶物。看過緝毒犬找東西嗎？就是那樣！第一次玩，可以先從氣味強烈的開始，例如雞胸肉丁、海綿蛋糕、烤雞肝等。先讓牠聞聞雞胸肉的味道後，把牠關進房間，別讓牠知道藏

在哪裡。例如客廳、沙發上、椅子腳邊、雜誌下或紙盒等位置,藏好後再打開房門,讓牠用鼻子搜尋。遊戲期間你要忍住告訴牠藏在哪裡的衝動,看見牠用鼻子找到寶藏開心地搖尾巴時,你會知道牠愛上這個好玩的尋寶遊戲。

如果真的克制不了想給零食的衝動,可以混合零食的種類,早上起床給一小塊茅屋起司或一小杯無糖優格;中午給塊肉乾;晚上給生紅蘿蔔條等。提醒自己控制零食的份量與次數,每天的零食不能超過正餐的10%至15%。沒做什麼特別的事卻得到零食,表示被信任,這能幫助狗不管遇到什麼事,都能有自信面對不會過於焦慮。

葫蘆填充肉泥
Kong Stuffed Meat Paste

▌馬鈴薯雞肉泥 熱量 200 卡

馬鈴薯 80 克

雞肉 200 克

椰子粉 1 湯匙

無糖全脂優格 1/4 杯

▌紅蘿蔔牛肉泥 熱量 300 卡

紅蘿蔔 30 克

牛肉 200 克

南瓜 60 克

牛奶 1/4 杯

▌花椰菜堅果泥 熱量 160 卡

花椰菜 30 克

雞胗 70 克

茅屋起司 30 克

巴西堅果 4 顆

▌沙丁魚泥 熱量 200 卡

奧斯卡國王沙丁魚 1 罐

葫蘆丟出時，因不規則的表面設計，無
法預期會往哪個方向跳，可以訓練狗的
反應。在葫蘆中間的洞，填入泥狀物或
長棍型零食當成機關，能讓牠們動腦好
一陣子。

① 將所有材料用電鍋蒸熟，放入調理機打成泥狀，填滿葫蘆
即可。

② 填好肉泥後，可以插入一根吸管，放進冰廂冷凍。插吸管
是為避免真空問題，造成舌頭被葫蘆吸入產生危險。

海神餅乾
Poisedon Biscuit

熱量
1200 卡

小魚乾 30 克

海藻粉 1 茶匙（或乾燥海帶）

鮭魚 60 克

低筋麵粉 5 杯

高湯 1 杯

橄欖油 15 毫升

① 小魚乾用調理機打成粉，與海藻粉均勻混合，再加入篩過的麵粉中拌勻。

② 鮭魚放入電鍋蒸熟後，用手捏碎魚肉，同時確認魚刺全去除乾淨。

③ 小魚乾海藻麵粉和高湯分成三次輪流加入鮭魚肉中，用手混合拌勻，接著用保鮮膜包好麵團，放進冰箱冷藏至少 30 分鐘，直到麵團變得有彈性。

④ 將麵團分成 5 等份，用桿麵棍桿平至厚度約 0.3 公分。

⑤ 先在造型餅乾模的邊邊沾點麵粉（方便拿起壓好的餅乾），再壓入麵皮裡。

⑥ 烤箱以 180 度預熱。

⑦ 在烤盤上鋪好烘焙紙後，每個餅乾間格約 2.5 公分。

⑧ 放進烤箱烤至 20 分鐘時，將烤盤取出水平轉向 180 度，再烤 10 分鐘即可。

選擇市售乾燥海帶，需要先沖洗後泡水減少鹽分，再放入調理機打成粉。由於每個烤箱的溫度不同，建議不要離開烤箱，觀察餅乾上色的情況，避免烤焦或沒烤熟。

國王的沙丁魚小吐司
King's Mini Toast

熱量
450 卡

奧斯卡國王沙丁魚罐 1 罐

薄片白土司 5 片

柴魚片 些許

① 瀝乾沙丁魚罐頭的油。

② 在吐司上面鋪上沙丁魚後切成小塊。

③ 柴魚片放入調理機打成粉，灑上少許增加香氣。

羊肉杯子吐司
Lazy Day Lamb Toast

熱量
950 卡

羊絞肉 420 克

吐司 6 片

南瓜 100 克

絞白筍 50 克

小番茄 6 顆

蘆筍 3 根

乾燥迷迭香 4 根

食材份量約可做成 12 個杯子吐司。這
道料理只需 10 分鐘就可完成，適合在
充滿陽光的週末享用，也能當成下午茶
聚會餐點。

① 烤箱以 170 度預熱。

② 南瓜和絞白筍切丁，小番茄切半，蘆筍去皮切成四段。

③ 吐司對角切半，再把對角的兩個尖端切掉，讓它可以捲起來
像花朵的形狀。

④ 捲好吐司放進蛋糕烤模中，依序塞入羊絞肉、南瓜、絞白筍
和小番茄。

⑤ 放入烤箱烤 10 分鐘中即可出爐。

蜂蜜水果酸奶
Fruit Kefir With Honey

熱量
70 卡

水果 30 克（任選狗喜歡吃的）

酸奶 100cc

蜂蜜 1 滴

狗不能天天吃蜂蜜，一天不要超過 1 茶
匙。也可使用有機水果乾，再加入少許
堅果，但水果乾容易黏牙，吃完要記得
幫狗刷牙。10 公斤以下的狗，建議將
水果打成泥狀。

① 在杯子中倒入酸奶，滴入 1 滴蜂蜜攪拌均勻。

② 水果切碎後加入酸奶中即可。

椰絲雞肉長棍餅
Coconut Chicken Stick

熱量
1100 卡

有機乾燥椰絲 40 克

雞絞肉 100 克

低筋麵粉 4 杯半

雞蛋 1 顆

高湯 180 毫升

油 40 毫升

肉桂粉 半茶匙

① 雞絞肉與蛋液均勻混合。

② 麵粉先過篩，剁碎有機乾燥椰絲（如果椰絲是粒狀可省略此步驟）與肉桂粉一加入麵粉中均勻混合。

③ 麵粉和高湯分成三次慢慢倒入雞絞肉中用手拌勻。

④ 混合好的麵團用保鮮膜包好，放入冰箱冷藏至少半小時，直到麵團變得有彈性。

⑤ 取出麵團大概抓 50 克，用雙手搓揉至長條狀，再以刮刀切出想要的長度，重複上述的動作至你所需的長餅棍數量。

⑥ 烤箱以 180 度預熱。

⑦ 在烤盤上鋪好烘焙紙，每個長棍餅間隔 3 公分。

⑧ 放入烤箱烤 20 分鐘後，將烤盤取出水平轉 180 度，再烤 10 分鐘即可。

Chapter X

歡樂狗派對

狗渴望和我們互動，

想一起做菜、吃飯、旅行、散步和睡覺。

牠們渴望加入我們所有的生活節日。

但是許多節慶點心如蛋黃酥、香腸和肉派，

都因為太油無法與牠們分享。

不過，現在透過自製點心，

狗也能和我們一起期待每個節日的到來。

肝臟布朗尼
Liver Brownie

熱量
1500 卡

雞蛋 9 顆
雞肝 250 克
雞胗 50 克
燕麥粉 200 克
大蒜粉 1 茶匙
橄欖油 些許

肝臟布朗尼切塊放涼後冷凍保存，要吃
時取出退冰，再進烤箱加熱，也能當作
狗的零食。

① 烤箱以 180 度預熱。

② 在長型蛋糕烤模（容量約 800 克）上塗抹橄欖油。

③ 燕麥粉與大蒜粉拌勻。

④ 雞肝和雞胗用調理機打成泥後，加入蛋液與燕麥泥一起攪拌均勻。

⑤ 將雞肝燕麥泥倒入蛋糕烤模後，進烤箱烤約 25 分鐘即可。

小王子的雞肉星球
Little Prince's Chicken Globe

熱量
400 卡

雞蛋 1 顆

雞絞肉 360 克

乾燥椰絲 30 克

白花椰菜 6 朵

甜椒 60 克

橄欖油 些許

① 烤箱以 150 度預熱。

② 剁碎乾燥椰絲，甜椒切丁。

③ 雞絞肉、甜椒、椰絲、橄欖油（或無鹽奶油 1 小匙可增加香氣）和蛋液一起混合拌勻。

④ 在烤盤上塗抹橄欖油，一球餡料約抓 40 克，用雙手搓揉成小圓球後排好。

⑤ 白花椰菜洗淨，切下一小朵（一顆白花椰菜約可分切 20 朵），插入雞肉球的頂端。

⑥ 進烤箱烤大約 20 分鐘即可出爐。

乖狗狗的聖誕餅乾
Good-Dog X'mas Biscuit

花生醬蜂蜜肉桂餅 熱量 1700 卡

無鹽花生醬 半杯

雞肉高湯 1 杯

低筋麵粉 2 杯

肉桂粉 1 湯匙

牛肉香蕉燕麥烤餅 熱量 1700 卡

牛絞肉 半杯

香蕉丁 半杯

燕麥 1 杯

低筋麵粉 1 杯半

高湯 半杯

葵花油 45 毫升

南瓜蘋果軟餅 熱量 1150 卡

低筋麵粉 2 杯

蘋果醬 1/4 杯

南瓜泥 1/4 杯

高湯 1/8 杯

雞蛋 1 顆

橄欖油 15 毫升

蜂蜜 1 滴

餅乾的製作步驟相同，餡料口味可自行變化。

① 以花生醬蜂蜜肉桂餅為例，烤箱先以 160 度預熱。

② 雞肉高湯用微波爐稍微加熱，再加入無鹽花生醬攪拌均勻放涼備用。

③ 低筋麵粉過篩，與肉桂粉混合均勻後，分三次倒入花生醬高湯中攪拌混合，至碗裡沒有沾上任何麵團。

④ 麵團用保鮮膜包復好，放進冰箱冷藏約半小時，直到麵團有彈性。

⑤ 將麵團桿平至厚度約 0.2 公分，再壓入不同造型餅乾模。

⑥ 在烤盤上鋪好烘焙紙，每個造型餅乾間隔約 2.5 或 3 公分。想要做出比較軟或給老狗食用，餅乾間隔可以排近一點。

⑦ 進烤箱烤 30 至 40 分鐘即可出爐。

傳統羊肉米糕
Holiday-Only Lamb Rice Cake

熱量
700 卡

羊絞肉 280 克

乾燥在來米 80 克

乾香菇 2 朵

沙丁魚罐頭 1 罐

鳳梨 20 克

（可換成蘋果或橘子）

由於狗不能吃太多在來米，高度只需 0.2 公分。米糕的黏稠性較高，要記得先拌勻，這道料理也很適合加入清爽的蔬菜高湯一起吃。

① 乾香菇泡軟後去掉蒂頭，連同鳳梨一起用調理機打碎。

② 將香菇鳳梨泥與羊絞肉一起攪拌均勻。

③ 在長型蛋糕烤模（容量約 800 克）中鋪上薄的白棉布，在底層平均灑上在來米高度約 0.2 公分，放入羊絞肉泥和沙丁魚至 3/4 的位置，最後鋪上在來米高度約 0.2 公分。

④ 放入蒸籠或電鍋約 25 分鐘後取出，可用雙手直接將白棉布拉起放涼，再切塊即可。（此為預估時間，需以自家的電器為主）

高麗菜豬肉小包子
Cabbage Savory Bun

熱量
150 卡
（1個）

┃ 包子皮

中筋麵粉 400 克

高湯或過濾水 200 毫升

椰子油 少許

發酵粉 2 小匙

┃ 餡料

豬肉 300 克

生蛋黃 10 顆

高麗菜絲 150 克

巴西堅果 6 個

大蒜粉 少許

① 椰子油加入高湯中輕輕攪拌。

② 麵粉和發酵粉混合後，一起過篩，再分次加入高湯中攪拌均勻。

③ 用保鮮膜包好發酵約 1 小時。

④ 巴西堅果用調理機打碎後，放入平底鍋炒香。

⑤ 蛋黃、豬絞肉、巴西堅果、大蒜粉和高麗菜絲一起放入碗中攪拌均勻。

⑥ 將麵糰平均分成每個約 15 克，桿平成中心較厚邊緣較薄的麵皮。

⑦ 湯匙挖約 25 克的餡料包入麵皮內，用拇指與食指把麵皮稍微捏緊後，依序一層一層折入中心點，類似湯包的形狀。

⑧ 放進小蒸籠或電鍋內蒸 10 至 15 分鐘即可。（此為預估時間，需以自家的電器為主）

新年快樂香腸
Happy Chinese New Year Sausage

熱量
750 卡

豬絞肉 350 克

地瓜 100 克

甜椒 60 克

乾燥牛肝菌 30 克

豬腸衣或羊腸衣 1 份

如果你在市場買不到豬的腸衣，也可以使用羊腸衣。一般腸衣會加入鹽巴保存，所以腸衣需沖洗約半小時以上（水龍頭用細的水注灌入腸衣中），去除鹽份。

① 乾燥牛肝菌切碎後，在平底鍋內倒入適量的橄欖油，稍微炒熱牛肝菌。

② 地瓜洗淨去皮與甜椒切成塊狀，再用調理機打碎。

③ 豬絞肉、地瓜、甜椒、牛肝菌和橄欖油一起放入碗中攪拌均勻。

④ 將腸衣其中一端打結放入碗中，再用漏斗或灌香腸器灌入餡料，每灌好 7 公分就轉一圈，重複動作直到腸衣用完。

⑤ 灌好的香腸可以放入冰廂冷凍，要吃再剪掉打結的地方解凍，放入電鍋或蒸鍋蒸熟即可。

鴻運當頭好狗蘿蔔糕
Lucky Four Legs Radish Cake

熱量
650 卡

紅蘿蔔 250 克

乾香菇 15 克

在來米 300 克

豬絞肉 100 克

高湯 800 毫升

金桔 2 顆

直接用在來米粉製作狗鮮食對於狗來説會太難吞嚥,所以會建議使用在來米打成粉,因為含有顆粒感會較方便食用。

① 切開金桔把籽挑出,擠出果汁。

② 在來米用調理機打碎,再與金桔汁、高湯混合攪拌均勻。

③ 紅蘿蔔洗淨去皮,香菇泡水泡軟去掉蒂頭,一起用調理機打碎。

④ 炒鍋熱鍋後,倒入少許葵花油加熱約半分鐘,放入紅蘿蔔與香菇,炒熱約 2 分鐘,再倒入在來米金桔高湯繼續加熱約 5 分鐘,攪拌到略微濃稠後關火。

⑤ 將豬絞肉均勻拌入炒鍋內後倒入模具中成型,再放進蒸籠或電鍋蒸煮約 20 分鐘即可。(此為預估時間,需以自家的電器為主)

跑十圈蛋黃酥
2-Miles Running Yolk Crisp

狗的蛋黃酥 每個熱量 100 卡

| 油皮

低筋麵粉 160 克
豬油 50 克
蜂蜜 3 滴
水 57 毫升

| 油酥

低筋麵粉 90 克
豬油 42 克

| 餡料

牛肉泥 320 克
水煮蛋黃 8 個

（食材份量約可做 16 個蛋黃酥）

主人的蛋黃酥 每個熱量 320 卡

| 油皮

低筋麵粉 300 克
豬油 95 克
蜂蜜 15 克
水 113 毫升

| 油酥

低筋麵粉 300 克
豬油 150 克

| 餡料

烏豆沙 750 克（可加入松子或核桃）
鹹蛋黃 15 顆

（食材份量約可做成 15 個蛋黃酥）

蜂蜜的功用為保濕，在製作油皮時，切勿過量以免腎臟無法代謝。因油皮的豬油含量不多，動作要俐落，若不斷搓揉油皮，很容易龜裂。

| 油皮做法 |
豬油和蜂蜜均勻混合後加入過篩的低筋麵粉，邊攪拌邊加水至不會沾黏在碗邊，再用保鮮膜把油皮包好。

| 油酥做法 |
低筋麵粉和豬油攪拌均勻至不會沾黏碗邊為止。

狗的餡料做法

牛絞肉蒸熟後用調理機打成泥，可加入蔬菜丁到牛肉泥裡面。水煮蛋黃切半，因為油皮和油酥量較少，無法整顆包入油皮裡。

狗的蛋黃酥比例

油皮 13 克
油酥 8 克
餡料 15 克
蛋黃半個

主人的餡料做法

中秋節前夕會有許多店家販售內餡材料，建議可購買現成製作的烏豆沙和鹹蛋黃。鹹蛋黃進烤箱烤到底部出油後取出放涼。

主人的蛋黃酥比例

油皮 18 克
油酥 15 克
餡料 25 克
鹹蛋黃 1 顆

① 烤箱上下火以 200 度預熱。

② 油皮桿平至厚度約 0.1 公分左右，油酥揉成小球放到油皮的中心完整包起來後桿平，將麵皮捲起翻轉 90 度後再桿平，重複上述動作一次讓油皮油酥完全融為一體。

③ 在桿好的油酥皮中塞入餡料與半顆蛋黃（鹹蛋黃），完整包好捏成圓形。

④ 烤盤鋪上烘焙紙，擺好蛋黃酥（需有適當的間隔距離）。

⑤ 在蛋黃酥上面來回塗抹蛋液 2 次，灑上黑芝麻後，送入烤箱烤 20 至 25 分鐘即可出爐。

Chapter XI

生病這樣吃

每道菜都是依獸醫給予的比例和食材所設定，
但因為每項疾病所需的蛋白質、營養素都不一樣；
即便相同的疾病，
也會因為不同的指數，
連帶餐點的份量、營養素也跟著改變。
建議在製作餐點前，
先和獸醫仔細討論後再開始料理。

雞肉蛋白大麥餐 · 強心牛肉丸佐蔬菜 · 強化肝臟餐 · 羊肉糯米顧腎餐
牛肉山藥粥 · 豬肉櫛瓜優格 · 蔬菜燉魚 · 好氣色牛雜煮

胰臟炎 / 雞肉蛋白大麥餐
Chicken With Egg White Meal

熱量
500 卡

雞胸肉 370 克

高麗菜 60 克

櫛瓜 120 克

紫地瓜 120 克

無糖低脂優格 1/4 杯

大麥 半杯

蛋白 2 個

① 雞胸肉去皮和白色脂肪，水煮川燙或電鍋蒸熟後取出，切成合適的口感尺寸。

② 地瓜去皮與大麥一起放進電鍋蒸熟後，搗成泥狀。

③ 高麗菜、櫛瓜和蛋白水煮川燙後用調理機打碎。

④ 雞肉、大麥、地瓜、高麗菜與櫛瓜一起混合拌勻放涼，加入無糖低脂優格和獸醫建議的營養品即可。

▌胰臟炎鮮食重點

1. 脂肪、血糖偏高都會過度刺激胰臟，必須控制穀類、馬鈴薯、紅蘿蔔等高升糖食材的份量。

2. 一天四餐能減輕胰臟的負擔。若是慢性胰臟炎，可加入酶幫助消化。

3. 建議的澱粉類食材：地瓜、白米、燕麥和大麥。

心臟病／強心牛肉丸佐蔬菜
Hearty Beef Stew

熱量
360 卡

瘦牛肉 150 克

豬心 80 克

蔬菜 120 克
（可任選深綠葉蔬菜，如花椰菜、
綠櫛瓜、綠豌豆、地瓜、高麗菜、
番茄、紅蘿蔔）

雞蛋 1 顆
（或無糖優格 55 克）

歐芹 少許

① 瘦牛肉、豬心放入調理機打成肉泥。

② 切碎蔬菜，如果狗會挑食，可放入調理機打碎。

③ 肉泥分成每份約 30 克，搓成肉丸子，雙手可用水沾濕，避免沾滿肉泥不好搓成丸子。

④ 鍋子加水煮滾後將火轉小，放入肉丸子，再開全火煮沸，接著放入蔬菜，滾約 1 至 2 分鐘後，可切開一顆肉丸子確認中間是否有熟，熟了立即關火。

⑤ 撈起肉丸子和蔬菜，灑上少許切碎的歐芹增添風味，放涼後，可加入捏碎的水煮蛋或無糖優格即可。

▌ 心臟病鮮食重點

1. 需低鈉食物，禁止食用鈉含量高的培根、火腿、煙燻肉、香腸等食品。

2. 患有心臟病的狗最需要蛋白質，若降低蛋白質的攝取，對心臟的健康情況會更糟。紅肉含豐富的左旋肉鹼的動物性蛋白質，如牛肉和豬肉，能停止心肌細胞惡化，幫助恢復心臟機能。

3. 建議食材：瘦肉、雞蛋、蔬菜和奶製品都有很大的幫助，其中生瘦肉是最有效的。

肝臟病 / 強化肝臟餐
Liveriffic Power Meal

低脂茅屋起司 3/4 杯

雞胸肉 400 克

熟燕麥 3/4 杯

紅椒 1/4 個

綠葉 100 克

南瓜 150 克

雞蛋 1 顆

① 雞胸肉切丁水煮川燙，熟了立刻撈起。

② 南瓜丁、紅椒、綠葉蔬菜用打碎機打碎後，過濾菜汁然後放入電鍋蒸熟。

③ 雞蛋水煮熟後，去殼切碎。

④ 雞丁、熟燕麥、水煮蛋、南瓜丁和起司全部混合均勻，淋上魚油和鈣粉即可。

▌肝臟病鮮食重點

1. 選擇低氨的蛋白質食材，如雞蛋、低脂茅屋起司、優格、魚類、去皮和去脂肪的雞肉；紅肉和內臟的蛋白質含氨量雖高，但可以少量攝取。（可先和獸醫商量）

2. 給予複合式的碳水化合物，如燕麥、全麥麵包、南瓜泥、蔬菜泥等。將新鮮的蔬菜打碎後，濾汁後的菜渣，是最好的複合式碳水化合物。

3. 去除鹽分，降低腹內積水的危險。

4. 少量多餐避免肝臟過度勞累。

5. 不能熬夜。

腎臟病 / 羊肉糯米顧腎餐
Love-You Lamb Over Sticky Rice

熱量
600 卡

生糯米 1/4 杯

無鹽奶油 2 湯匙

地瓜 220 克

瘦羊絞肉 120 克
（可換成瘦豬絞肉或沙丁魚）

水煮蛋 3 顆

蛋殼粉 1 茶匙半

① 把水煮蛋的蛋黃挖掉不要，將蛋白切碎。

② 生糯米放入電鍋煮熟。

③ 水煮地瓜至半熟後，加入羊絞肉一起煮熟。

④ 瀝乾地瓜和羊肉的水分，再與糯米、無鹽奶油、蛋殼粉一起均勻混合後，放涼即可。

▌腎臟病鮮食重點

1. 避免食用高磷食物，像是全穀類的糙米、全麥或小麥胚芽米；選擇低磷穀類，要完全煮熟。

2. 有腎臟病的狗，通常食慾不好，保持餐點的創意和口味的多變化是很重要的，可以加一點點奶油或 1 湯匙茅屋起司增進食慾。

3. 大部份的零食在加工的過程中，都會加入添加物，造成腎臟的負擔，手工自製零食是較好的選擇。

4. Omega-3 魚油可以保護腎臟，體重每 0.45 公斤每天需要 1000 毫克的魚油。

腸胃病 / 牛肉山藥粥
Eat-More Beef Yam Congee

熱量
780 卡

瘦牛絞肉 400 克

高麗菜 150 克

花椰菜 80 克

山藥 80 克

白飯 30 克

雞蛋 1 顆

無糖全脂優格 2 湯匙

① 山藥切丁，高麗菜和花椰菜用調理機打碎後，一起放入電鍋蒸熟。

② 水煮蛋剝殼後捏碎。

③ 鍋子加水 150cc 煮沸後，加入白飯滾約 3 分鐘，熬成粥。

④ 牛絞肉放入電鍋蒸熟。

⑤ 蒸熟的牛絞肉、山藥蔬菜泥、水煮蛋碎，全部放進白粥中拌勻放涼，再淋上無糖全脂優格即可。

▎腸胃病鮮食重點

1. 肉類需佔餐點比例的一半，其餘才是蔬菜及澱粉類。

2. 十字花科的花椰菜、高麗菜屬於好消化的纖維，可以煮熟後打成泥狀加入餐點中。

3. 加入適量的益生菌和消化酶強健消化系統。建議依狗的體重，於每 100 克的鮮食中加入 20 毫克的鈣粉。

4. 一天用餐次數改為四次，少量多餐，並在第一餐加入所需的營養品。

關節炎 / 豬肉櫛瓜優格
Zucchini Pork Yogurt

熱量
850 卡

豬肉 320 克
（可用其它肉類或魚類代替）

牛肝 80 克
（可用牛腎或其它動物的肝或腎）

綠櫛瓜 80 克
（可用其它深綠色蔬菜）

地瓜 100 克
（可用高麗菜）

無糖全脂優格半杯
（可用全脂茅屋起司）

雞蛋 2 顆

① 豬肉和牛肝放入電鍋蒸熟後切丁。

② 蛋放入滾水煮熟，去殼捏碎，也可以做成炒蛋。

③ 綠櫛瓜水煮川燙，地瓜蒸熟後，用調理機打成泥狀。

④ 豬肉、牛肝、水煮蛋、綠櫛瓜與地瓜泥全部拌勻放涼，再
淋上無糖全脂優格即可。

▌關節炎鮮食重點

1. 請勿給予茄科植物，如番茄、馬鈴薯、茄子、甜椒等，它
們會讓發炎持續加重。

2. 可於餐點中加入魚油、葡萄糖胺、軟骨素等營養品，減緩
關節的腫脹程度。（每隻狗的情況不同，需和獸醫討論營
養品的份量。）

低脂低升糖 / 蔬菜燉魚
Wet-Nose Fish Stew

沙丁魚 450 克
（可換成其它肉類和魚類）

青江菜 200 克
（可換成其它深綠色蔬菜）

花椰菜 200 克
（可換成高麗菜）

低脂茅屋起司 1/4 杯
（可換成無糖低脂優格）

雞蛋 2 顆

沙丁魚的骨頭足以補充一天的鈣質，不需再加鈣粉或蛋殼粉。

① 用熱水幫沙丁魚罐頭過油。

② 雞蛋水煮熟後，去殼挖除蛋黃，留下蛋白。

③ 青江菜及花椰菜水煮川燙，和蛋白一起放入調理機打碎。

④ 沙丁魚、蔬菜泥、蛋白和起司全部拌勻即可。

▍低脂低升糖鮮食重點

1. 適合給患有甲狀腺功能低下、糖尿病、過敏、關節炎的狗食用。

2. 馬鈴薯、南瓜、紅蘿蔔及大多數的五穀類都屬高升糖食材；芋頭、地瓜屬於中升糖食材；所有的綠葉蔬菜、肉類、菇類、全熟的糙米、藜麥、蘋果、桃李等，則屬低升糖食材。

癌症 / 好氣色牛肉雜煮
Feel- Well Beef Stew

熱量
700 卡

瘦牛絞肉 350 克

生雞肝 70 克

高麗菜 150 克

無鹽奶油 少許

茅屋起司 1/4 杯

① 高麗菜、雞肝和瘦牛絞肉用調理機打成泥狀。

② 取出肉泥捏成丸狀，放入蒸籠或電鍋蒸熟。

③ 加上茅屋起司和淋上無鹽奶油即可。

▋ 癌症鮮食重點

1. 適合攝取低升糖的蔬菜，所有深綠葉蔬菜，如櫛瓜、扁圓小南瓜等。

2. 避免食用馬鈴薯、地瓜、南瓜、紅蘿蔔、綠豌豆和所有的穀類。

3. 蛋白質的攝取需求和健康的狗相同，優質的蛋白質不能少，也不用減少份量，只需注意餐點比例，蛋白質 40%、脂肪 40% 和碳水化合物 20%。

4. 可以和獸醫討論後，在餐點中加入增強免疫功能的有機營養品，維持愉快的生活品質。

5. 由於癌症病患的胃酸分泌和平常不同，所以請以少量多餐為進食原則。每一餐只給予平常餐點的四分之一或更少，間隔幾小時讓狗進食一次，來避免嘔吐。

Chapter XII

餐桌禮儀

狗的餐桌禮儀，
大概和五歲小朋友差不多。
美食對狗來說就像中樂透，
巴不得立刻送進嘴裡。
因此狗在用餐時，通常會出現以下行為：
護食、乞討、一大早叫主人起床、
吃兩口就不想吃、吃太快或什麼都吃等。
若想修正狗的行為問題，
對牠的信任和態度應保持一致性。

{狗碗怎麼放才好}

數一數狗一年光是正餐就會超過 700 次，這還不包括零食的次數。我們給予食物的態度和方式，會是狗能否更尊重主人亦或是帶來麻煩的關鍵點。大部份的主人總是很快就將食物倒入碗裡，忽略狗的表情變化，讓我們慢慢來從放置狗碗開始。一般而言，狗碗放在地面上是沒有問題的，但如果你的狗是中、大型犬或高齡犬或有神經系統疾病、吞嚥困擾、關節炎、頸傷、脊椎問題等，就不適合把碗放在地上。

{一天五、六餐還有下午茶}

有些主人因為工作一整天都不在家，擔心狗會肚子餓留了好幾餐的乾飼料，但其實狗吃完早餐後，並不會肚子餓。若是樂齡犬或癌症犬，可以把鮮食放在益智玩具裡，讓牠在家裡能補充熱量也能動動腦。鮮食的優點就是它無法在空氣中待上一整天滋生細菌，因為我們確定在這之前，狗早就把它清乾淨了。

{不想吃}

其實最好的狗碗是主人的手。我撿回家的虎斑狗總是吃很快，但吃完後就呆呆的坐著沒有什麼反應。我怕牠吃太快會胃翻轉，就用手一口一口慢慢餵，餵完後牠居然開始對我撒嬌了。之後每一天，牠都會過來撒嬌，開始聽懂我說的話，眼神也變好了，這讓我體會到原來用手餵食也能與狗產生最美妙的連結。若是遇到其它不肯吃飯的狗，試著用手餵幾口，牠們通常也會願意自己乖乖吃飯。

{十秒鐘掃光光}

　　不少狗因為進食速度過快而失去生命，吃飯原本是愉快的事，瞬間變得傷心不已。進食過快會吃入過多的空氣，氣體累積過多會讓腹部膨脹產生胃翻轉。發現狗乾嘔、過度的流口水，或坐或站都不舒服，突然身體無力時，請立即帶去獸醫院。胃翻轉的復發機率很高而且會日趨嚴重。可以使用慢食碗，碗裡的凸起設計會讓狗無法一大口掃光食物。此外，如果有兩隻以上的狗，建議有分開獨立的用餐空間，這樣牠們才能安心用餐，不用擔心食物被搶而吃太快。

{乞食}

　　主人若沒注意給予食物的步驟，就會養成狗乞食的習慣。在餐桌上吃飯時，允許狗在餐桌旁邊等待，那麼牠們大多會向你乞討食物。如果習慣在廚房給食物，每當狗走入廚房時，就會開始期待食物的出現。當狗乞討食物時，主人多半無法拒絕牠們的無辜眼神，狗會發現這招屢試不爽。避免狗養成乞討的習慣，在用餐時需讓牠待在別的空間，並且給牠一些零食或玩具當作獎勵。詳細的步驟，可以請訓犬師給予最佳建議。

{可以吃飯了嗎}

把餐點和飲用水準備好後，開始呼喚狗過來享用餐點，有些狗常會表現得很激動。這時可以站在原地保持不動，直到牠冷靜下來再給予餐點；或是請狗坐下等待，讓牠們的情緒不會因為吃飯過於失控，進而保持良好的用餐方式。

{該起床了}

我們可以理解狗急著上廁所叫你起床，但若是因為肚子餓，大清早把你叫醒，可能會讓你睡眠不足。避免狗當你的早起鬧鐘的方法：

1. 每天定時定量的給餐，避免過度饑餓或吃太飽。
2. 起床第一件事不是狗吃飯。
3. 確保狗在餐後半小時或睡前有適量的運動，讓牠一夜好夢。
4. 餵食前，請牠坐下耐心等待 2 分鐘。

{想吃但害怕}

當狗進食時，有些主人會待在狗的身邊看牠們用餐。有自信的狗會用低鳴警告主人不要靠近；若個性叫膽小害羞則會害怕進食。一直盯著狗吃飯或邊吃邊撫摸牠，會讓狗越來越緊張。放下狗碗後離開狗的視線，讓牠放心用餐。還有，也許靠另一隻狗太近也會讓狗害怕用餐。狗都有自己的安全距離。另外，時常改變用餐位置，例如有時在廚房，有時在客廳，有時在陽台，也可以讓牠們在用餐時越來越自在。

{挑食}

狗不吃飯或挑食是主人心疼和擔憂的問題。如果食慾突然降低，請先排除以下情況。有沒有服用讓食慾降低的藥物？天氣過熱？搬家？家裡的環境突然改變很多？你最近很常發脾氣，家裡氣氛不好？在壓力增加過多的情況下，狗可能會拒食。

如果以上情況都沒有發生，醫生檢查也沒有問題，那麼唯有增加食物的風味來吸引牠。誘發食慾的食物有：用奶油炒蛋、雞肝加優格、牛絞肉加起司、嬰兒副食品、沙丁魚罐頭、主人盤子裡的食物（通常狗都會覺得主人吃得是最棒的餐點）。不過，這只是幫助狗恢復食慾的小秘訣，它們大都屬於高蛋白、高脂肪的食物，只能混一點點在餐點中，讓牠重拾對食物的熱情（這個方法吃藥也適用）！

{護食}

護食是因為對主人缺乏信任，害怕食物會突然被拿走。因此當食物出現時，我們需要讓狗重新相信主人。建立信任感是需要花時間，請務必耐心等待這個過程。以下是幾個溫和的訓練，會讓狗覺得有趣好玩：

▌用獎勵的方式吃飯

用一個不是狗碗的容器裝滿一餐的份量，拿在手上，讓狗做一個任何牠會的小動作，如坐下、趴下等，每當牠做完動作後，就抓一把食物放在地上給牠吃；等牠吃完後，默數 5 秒，給牠下一個動作，再抓一把的食物放在地上讓牠吃完。重複這樣的動作，直到碗裡的食物吃完為止。5 秒鐘的等待，不會久到讓狗開始焦慮，可以訓練牠的耐心。吃完後要讓狗檢查你手上的空碗，讓牠確認食物真的都吃完了。

▌用手餵食

　　主人的手裡有食物，狗便無法護食，因為食物在你的手裡。這是與狗最直接的接觸，拿紙杯裝滿一餐的份量後用手慢慢餵食直到吃完為止，再讓狗確認杯子的食物是真的清空了。

▌進餐時增加零食

　　把餐點放入狗碗裡，當狗開始吃時默默走過牠的身旁，丟入一小塊比餐點更好吃的零食，例如起司塊，丟入後離開；然後從別的地方走過去，再丟一塊零食到碗裡，重複三、四次，直到狗吃完餐點為止。這樣的過程可以讓狗在用餐時，對你的接近產生好感，當你走過就會有更好的食物飛進餐碗裡。

　　狗若有任何進食的行為問題或因護食咆哮咬人，請聯絡你可以信任的訓犬師。訓犬師的建議並非直接改變狗的行為，而是因主人了解狗後，改變自己的行為，牠自然也會跟著改變。

｛乾 淨 的 水｝

　　每天更換乾淨的飲水很重要，水碗裡的水量需為每天喝水量的兩倍，這樣可確保牠有足夠的水可以喝，水能幫助腸胃蠕動、吸收營養，以及保持身體的溫度。在炎熱的夏季，補充水分特別重要，狗很容易因為缺水而身體不適或中暑。如果帶狗到戶外活動，記得幫牠帶水，避免喝下戶外不確定的水源。即使水不含病毒，也有可能有蟲隻的卵或黴菌等危險物質。

Index

{ 每 10 公克 的 食 材 熱 量 表 }

以水煮方式計算

| 肉類 |

羊肉 21.7 卡
鹿肉 11 卡
牛菲力 22.3 卡
牛絞肉 22.4 卡
牛肚 10.2 卡
牛筋 15.7 卡
去皮雞胸肉 10 卡
雞腿 11.6 卡
雞絞肉 16.6 卡
雞肝 15 卡
雞胗 8.7 卡
雞心 16.7 卡
雞佛 45 卡
去皮鴨肉 12 卡
鴕鳥肉排 11 卡
豬絞肉 22 卡
豬肚 12 卡
豬腸 17 卡
豬大腸 17.9 卡
豬腰子 11.4 卡
豬心 13.5 卡
鱈魚 9.7 卡
鮭魚 15.5 卡
吻仔魚 4.3 卡
罐裝沙丁魚瀝油後 19 卡

| 蔬菜 |

高麗菜 1.9 卡

花椰菜 3.2 卡
大白菜 1.2 卡
波菜 2.2 卡
捲心菜 1.6 卡
芹菜 1.6 卡
黃櫛瓜 1.6 卡
小黃瓜 0.9 卡
番茄 1.6 卡
甜椒 2.5 卡
甜菜根 3.8 卡
綠豌豆 7.7 卡
毛豆 12.9 卡
甜豆筴 3.1 卡
苜宿芽 2.5 卡
蘆筍 1.9 卡
竹筍 0.9 卡
南瓜 1.9 卡
馬鈴薯 7.7 卡
地瓜 7 卡
芋頭 13 卡
山藥 10.6 卡
紅蘿蔔 3.2 卡
白蘿蔔 1.6 卡
蓮藕 6.1 卡
洋菇 2.6 卡
舞菇 3.8 卡
香菇 3.7 卡
秋葵 3.3 卡
苦瓜 3.4 卡
牛蒡 7.2 卡
豆腐 7.6 卡

| 水果 |

木瓜 3.5 卡
蘋果去皮 4.5 卡
香蕉 8 卡
草莓 2.9 卡
柳丁 4.1 卡
杏桃 4.5 卡
水蜜桃 3.5 卡
哈密瓜 2.9 卡
水梨 5.1 卡
藍莓 5.1 卡
覆盆子 4.8 卡

| 乾貨 |

杏仁豆 54 卡
巴西堅果 25 卡
核桃 60 卡
腰果 50.3 卡
花生 52 卡
松子 62 卡
花生醬 55 卡
牛肝菌 25.5 卡
北非小米 10.3 卡
白米 12 卡
糙米 10.3 卡
薏仁 11.3 卡
海帶 3.8 卡
木耳 2.5 卡
燕麥 34 卡

枸杞 25 卡
黑芝麻 60 卡
小魚乾 35 卡
冬粉 35 卡
陽春麵 35 卡
白吐司薄片 50 卡
低筋麵團 20 卡
低筋麵粉 36.5 卡

| 蛋奶類 |

水煮蛋 75 卡
水煮蛋白 4.8 卡
生蛋黃 30 卡
全脂牛奶 5.8 卡
低脂牛奶 4.2 卡
全脂優格 5.5 卡
低脂優格 4 卡
瑞可達起司 15.8 卡
低脂茅屋起司 6.4 卡
豆漿 5.4 卡
豆渣 7.7 卡

| 油脂 |

一茶匙橄欖油 39 卡
一湯橄欖油 119 卡

{ 參 考 書 目 }

《Dr. Pitcairn's Complete Guide to Natural Health for Dogs & Cats》
by Richard H. Pitcairn, DVM, PhD and Susan Hubble Pitcairn

《Raw & Natural Nutrition for Dogs》
by Lew Olson, PhD

《Veterinarians' Guide to Natural Remedies for Dogs》
by Martin Zucker

《The Complete Herbal Handbook for The Dog and Cat》
by Juliette de Bairacli Levy

《Feed your best friend better》
by Rick Woodford

《Kitchen Dog! Perfect 50 Recipes》
by Yuki Minamimura

《寵物疾病椰子油療法》
by Bruce Fife 王念慈 譯

Rodney Habib Pet Nutrition Blogger
https://rodneyhabib.wordpress.com

卡洛里查詢網站
www.calorieking.com

{ 感 謝 所 有 參 與 這 本 書 的 狗 狗 }

虎斑狗 大木
黃狗 毛比
吉娃娃 阿吉
大花黃狗 Holiuken
虎斑白腳狗 Jara
立耳花狗 阿肥
黑狗 Lola
白梗 毛毛
虎斑幼犬 Polo
大黃狗 牛奶糖
約克夏 Coco
奶油狗 玲玲
白色小博美 Cola
黑白花狗 逼兔
貴賓狗 Coffee
白狗 NeiNei
（按出場排序排列）

除了兩隻小型犬外，
所有的狗都是路邊流浪撿回或收容所接出，
每一隻狗都很重要，
領養流浪動物，
與牠們一起生活是件美好的事。

狗狗的餐桌日常：

55道鮮食料理 × 手工零食 × 自製營養粉，毛小孩這樣吃最幸福【三版】

作者	陳彥姍
攝影	陳彥姍
料理	陳彥姍
攝影協助	戴寧珊
料理協助	林怡伶
營養諮詢	林怡萍
責任編輯	陳姿穎
內頁設計	任紀宗
封面設計	任紀宗
資深行銷	楊惠潔
行銷主任	辛政遠
通路經理	吳文龍
總編輯	姚蜀芸
副社長	黃錫鉉
總經理	吳濱伶
發行人	何飛鵬
出版	創意市集 Inno-Fair 城邦文化事業股份有限公司
發行	英屬蓋曼群島商家庭傳媒股份有限公司 城邦分公司 115台北市南港區昆陽街16號8樓

城邦讀書花園	http://www.cite.com.tw
客戶服務信箱	service@readingclub.com.tw
客戶服務專線	02-25007718、02-25007719
24小時傳真	02-25001990、02-25001991
服務時間	週一至週五9:30-12:00，13:30-17:00
劃撥帳號	19863813　戶名：書虫股份有限公司
實體展售書店	115台北市南港區昆陽街16號5樓

※如有缺頁、破損，或需大量購書，都請與客服聯繫

香港發行所	城邦（香港）出版集團有限公司 香港九龍土瓜灣土瓜灣道86號 順聯工業大廈6樓A室 電話：(852) 25086231 傳真：(852) 25789337 E-mail：hkcite@biznetvigator.com
馬新發行所	城邦（馬新）出版集團Cite (M) Sdn Bhd 41, Jalan Radin Anum, Bandar Baru Sri Petaling, 57000 Kuala Lumpur, Malaysia. 電話：(603)90563833 傳真：(603)90576622 Email：services@cite.my

製版印刷	凱林彩印股份有限公司
初版1刷	2016年7月
三版1刷	2024年9月
ISBN	978-626-7488-33-1／定價　新台幣 380 元
EISBN	978-626-7488-32-4（EPUB）／電子書定價　新台幣 266 元

Printed in Taiwan
版權所有，翻印必究

※廠商合作、作者投稿、讀者意見回饋，請至：
創意市集粉專 https://www.facebook.com/innofair
創意市集信箱 ifbook@hmg.com.tw

國家圖書館出版品預行編目資料

狗狗的餐桌日常：55道鮮食料理x手工零食x自製
營養粉,毛小孩這樣吃最幸福 / 陳彥姍著. -- 三版. --
臺北市：創意市集, 城邦文化事業股份有限公司出
版：英屬蓋曼群島商家庭傳媒股份有限公司城邦
分公司發行, 2024.09　面；公分

ISBN 978-626-7488-33-1(平裝)

1.CST:犬 2.CST: 寵物飼養 3.CST: 食譜

437.354　　　　　　　　　　　　　　113012356